天然气开发规划风险量化评价技术

陆家亮　孙玉平　著

石油工业出版社

内容提要

本书针对天然气开发规划的特点及其重要性，全面分析了天然气规划方案的风险因素及类型，综合应用地质与工程、经济学、风险评价理论等多学科知识，系统构建了开发规划风险量化评价模型，实现了天然气开发战略规划风险评价从定性到定量的跨越，有利于更好地规避规划方案实施过程中的风险，更好落实规划方案的综合性、前瞻性和指导性功能定位。

本书可供从事天然气开发战略规划的管理人员和规划方案编制的技术人员参考，也可供高等院校相关专业师生参考。

图书在版编目（CIP）数据

天然气开发规划风险量化评价技术 / 陆家亮 , 孙玉平著 . -- 北京 : 石油工业出版社 , 2021.6

ISBN 978-7-5183-5119-0

Ⅰ . ①天… Ⅱ . ①陆… ②孙… Ⅲ . ①采气—风险管理 Ⅳ . ① TE37

中国版本图书馆 CIP 数据核字 (2021) 第 264309 号

出版发行 : 石油工业出版社

（北京安定门外安华里 2 区 1 号　100011）

网　　址 : www.petropub.com

编辑部 : （010）64523537　图书营销中心 : （010）64523633

经　　销 : 全国新华书店

印　　刷 : 北京中石油彩色印刷有限责任公司

2021 年 6 月第 1 版　2021 年 6 月第 1 次印刷

787×1092 毫米　开本 : 1/16　印张 : 6.5

字数 : 140 千字

定价 : 60.00 元

（如出现印装质量问题，我社图书营销中心负责调换）

前　言

　　天然气开发规划方案是油气田企业在系统总结天然气发展历史、正确评价气田生产现状、科学预测未来发展趋势的基础上编制形成的纲领性文件，具有综合性、前瞻性和指导性，是油气田企业天然气业务健康发展的纲领和行动指南。进入 21 世纪以来，中国天然气产业进入快速发展阶段，勘探开发领域迅速扩展，气藏类型多种多样，认识程度参差不齐，天然气开发规划方案编制过程中存在诸多不确定性问题，为了更好地规避风险，突出天然气开发规划的导向作用，急需开展天然气开发规划风险量化评价研究。

　　为此，系统开展了新形势下天然气开发规划方案风险量化评价模型研究，并获得以下成果认识。

　　一是多方法识别风险因素，将天然气开发规划方案中风险划分为七类，即资源规模、气藏地质、规划部署、经济效益、技术水平、管道市场和宏观政策风险，其中前两类为客观风险，后五类为决策风险。

　　二是根据天然气开发规划方案特点建立了天然气开发规划产量优化数学模型，即以资源规模和气藏地质作为产量规模评价的基础，以技术水平、管道市场、宏观政策和规划部署四类决策风险为约束条件，以经济效益最大化为目标的天然气产量优化模型。

　　三是建立了基于蒙特卡洛方法和天然气产量优化模型的天然气开发规划目标概率模拟方法，形成风险综合评价矩阵并将风险分为四个等级，同时针对不同类型风险因素的特点，形成了两种风险因素量化评价方法，即评价客观风险的"概率曲线扫描法"和评价决策风险的"概率曲线位移法"。

　　最后的案例应用表明，本书建立的天然气开发规划方案风险量化评价模型既可以直观地呈现天然气开发规划方案风险的大小，又可以准确地筛选出主要风险因素，因而能够为制订风险规避措施、保障规划方案顺利实施提供科学依据。

　　因笔者水平有限，书中难免存在疏漏之处，敬请读者批评指正。

目　　录

第一章　概　述

天然气作为低碳、高效、经济、安全的清洁能源，在推动全球能源转型、促进经济增长、实现社会和环境可持续发展过程中具有重要的作用。进入 21 世纪以来，以 2004 年底"西气东输"工程的正式商业化运行为标志，中国的天然气步入了跨越式发展阶段，天然气储量、产量、消费量及配套基础设施建设等均取得重大进展，2020 年以产量全球排名第四、消费量排名第三跻身世界天然气产量、消费量大国行列，对全球天然气供需格局影响程度显著增强。本章简要介绍了天然气业务发展状况，阐明了天然气开发规划方案的功能和特点，分析了油气业务风险研究状况及存在的不足，提出加强天然气开发规划方案风险评价的重要性。

第一节　天然气业务发展状况

天然气是清洁化石能源，资源丰富。长期以来，欧美发达国家都把天然气作为清洁能源的重要替代选项，在全球一次能源供应中的地位越来越突出。特别是美国的"页岩气革命"大幅度提高了世界对天然气资源潜力的预期，天然气已成为世界最具发展潜力的主体能源。随着中国经济由高速增长向高质量发展迈进，走绿色、清洁、低碳的能源发展道路不仅是中国经济社会可持续发展的有力保障，还是中国作为最大的发展中国家对全世界庄严承诺的践行，加快发展天然气势在必行。

一、快速发展的天然气

能源是人类社会生存和发展的重要物质基础，能源消费结构能够体现社会文明进步程度，且对人类赖以生存的自然环境有重大影响。综观世界能源发展变迁历史，人类利用能源的趋势是从高碳向低碳发展，最终实现无碳经济。然而，在当今核能、氢能、风能、太阳能等非化石能源受技术和成本限制，无法撼动化石能源主导地位的大背景下，天然气作为最清洁、低碳的化石能源，将在应对全球气候变化、推动能源绿色低碳转型中起到重要的作用。

天然气是一种经济、环保、安全、高效的能源。天然气属洁净能源，燃烧时几乎无 SO_2 和粉尘排放，NO_x 排放量比油低 50%、比煤低 75%，CO 排放量比油或煤低 35%，CO_2 排放量比油低 20%、比煤低 40%。天然气也是高效能源，绝大部分燃煤机组发电效率为 30% 左右，最高的亚临界点发电效率 40% 左右，天然气联合循环发电效率高达 60%，而应用分布式冷热电联供能源系统（DES/CCHP）的利用效率可达 80% 以上。天然气使用方便，可通过高压管线输送到门站，降低压力后直接送至城市居民用户和工商用户，用户需要做的仅是开关阀门而已。天然气是绿色清洁的能源，增加天然气利用规模和在能源消费结构中的比重，对我国能源转型、优化能源结构、保护生态环境至关重要，对于促进经济增长、推动生态文明建设、实现社会和环境可持续发展具有重要的现实意义。

20世纪80年代以来，随着油气勘探开发技术进步和经济快速增长及环保意识不断增强，全球天然气储量、产量和消费量呈稳步增长态势，在能源中的地位不断上升。根据BP世界能源统计（2020），全球天然气剩余可采储量由1980年的$70.8 \times 10^{12} m^3$增长到2019年的$198.8 \times 10^{12} m^3$，四十年来增长了近两倍，年均增速约2.7%；天然气产量由$1.43 \times 10^{12} m^3$增长到$3.99 \times 10^{12} m^3$，天然气消费量由$1.42 \times 10^{12} m^3$增长到$3.93 \times 10^{12} m^3$，年均增速约为2.6%；天然气在全球一次能源消费结构中的比例由17%上升到24%左右[1]。

展望未来，天然气在世界能源版图中必将占据越来越重要的地位。全球天然气资源潜力巨大，常规天然气资源量$421 \times 10^{12} m^3$，储产量稳步增长，储采比一直保持在50以上，仍有相当大的上产空间；致密气、煤层气和页岩气[2]三大非常规气的资源量达$921 \times 10^{12} m^3$，是常规天然气资源量的2倍多，且在北美地区已得到成功开发，特别值得一提的是，21世纪初期美国的"页岩气革命"成功，推动天然气产量快速增加，2009年美国的页岩气产量达到$5576 \times 10^8 m^3$，一举超越俄罗斯成为全球最大的天然气生产国，由此进入美国页岩气革命性发展的黄金期，页岩气产量快速增加，2019年美国的页岩气产量达到$7140 \times 10^8 m^3$，占其天然气总产量的78%。美国天然气2000年对外依存度为16%，2018年天然气净出口$147 \times 10^8 m^3$，深刻改变了全球油气供需格局。美国页岩气成功开发的经验正在全球范围快速拓展，大力开发页岩气、优化能源结构、保障能源安全已然成为许多国家的共识，页岩气具备大发展之势。此外，据有关专家估计，天然气水合物资源量超过$20000 \times 10^{12} m^3$，相当于目前已知化石能源的总和，主要分布于海洋、湖泊和陆地冻土带，但其开发目前正处在探索试验阶段，日本、中国均已取得重要进展，一旦获得突破实现商业性开采，其潜力不容低估。

进入21世纪以来，中国的天然气产业也步入了快速发展阶段。随国民经济持续快速发展和人们生活水平、生活质量的不断提高，对能源的需求，尤其是对洁净能源天然气的需求大幅度增加，促进了天然气产业快速发展，主要表现在：

（1）基础设施不断配套完善，输配系统能力持续增强。2020年底，全国天然气干线总长度超过$8 \times 10^4 km$，国内外气源和主要天然气市场基本实现互联互通；已投运储气库27座，形成调峰能力超过$100 \times 10^8 m^3$，最高日调峰能力超过$1 \times 10^8 m^3$，为城镇燃气调峰发挥了主体作用；连接海外的西北（中亚天然气管道）、西南（中缅天然气管道）、东北（中俄天然气管道）、海上（东南沿海LNG接收站）四大战略通道全面贯通，为保障国家能源安全及共享全球天然气资源提供了必要条件。

（2）储量、产量和消费量都呈现快速增长态势[3, 4]。天然气探明储量高峰增长：2000—2020年年均新增探明常规天然气（含致密气）地质储量$5980 \times 10^8 m^3$、可采储量$3200 \times 10^8 m^3$，自2000年首次提交煤层气探明储量至2020年底累计地质储量$7259 \times 10^8 m^3$、可采储量$3622 \times 10^8 m^3$，从2014年到2020年累计探明页岩气地质储量$20018 \times 10^8 m^3$、可采储量$4717 \times 10^8 m^3$。天然气产量快速攀升：由2000年的$262 \times 10^8 m^3$增至2020年的

$1888×10^8m^3$，年均保持两位数增长，达到 10.38%。天然气消费迅速扩大：消费市场已扩展到全国所有的省、直辖市和自治区，2020 年消费量超过 $3200×10^8m^3$，2000 年以来年均增幅达到 13.8%，天然气在一次能源消费结构的比重由 2000 年的 2.3% 上升到 2020 年的 8.8%。

展望未来，中国天然气产业仍处于快速发展阶段[5, 6]：天然气储量将继续保持高峰增长，预计 2021—2025 年年均新增探明常规天然气（含致密气）可采储量 $3500×10^8m^3$、2026—2030 年均新增 $3200×10^8m^3$；天然气产量也将以较高的速度持续增长，预计到 2025 年将达（2100～2450）$×10^8m^3$，2030 年将达（2550～3000）$×10^8m^3$，其中页岩气成为上产的主体，预计将由 2020 年的 $200×10^8m^3$ 增长到 2025 年的 $400×10^8m^3$ 左右、2030 年的 $500×10^8m^3$ 以上；天然气消费规模继续扩大，预计 2025 年将达（4300～4800）$×10^8m^3$，2030 年将达（5500～6000）$×10^8m^3$，天然气在我国一次能源消费结构中的比重进一步提高。

二、天然气开发规划的作用及特点

为了指导天然气产业长期健康快速发展，需要在系统总结天然气开发历史、客观评价开发潜力和准确预判未来开发形势的基础上，科学制订一套高效可行的天然气开发规划方案。"凡事预则立，不预则废"，研究制订中长期天然气开发规划方案意义重大。天然气开发规划方案作为天然气开发的行动纲领，是指导未来天然气开发方向和具体工作部署的准则。在我国天然气工业发展历史中，曾经开展过一些围绕制订规划进行的专题研究，编制过许多不同级别、不同规划周期的天然气中长期开发规划方案，这些方案成果为我国天然气工业的健康快速发展发挥了重要的作用。

然而，发展总是与风险相生相伴。由于涉及天然气开发规划方案制订的一些基础参数，如储量、成本等指标均存在不确定性，客观上决定了规划方案实施过程中必然存在较大的风险，特别是一些新的领域，受资源禀赋条件、地质认识程度及勘探开发技术配套情况等诸因素影响，制订的规划方案指导性不强，实施过程中面临诸多挑战，规划目标不能实现。如我国煤层气开发利用从"十五"规划到"十三五"规划的目标均未实现，而且与期望值存在较大的差距；页岩气也未实现"十二五"规划、"十三五"规划的目标，产量达标率约 70%[7, 8]。此外，个别区域性的天然气发展规划方案实施过程也存在类似情况。

天然气开发规划方案是一个跨越时间长、覆盖范围广、涉及环节多的复杂体系，其风险涉及天然气产业链上游、中游、下游各环节，风险因素多，因素与因素之间关系复杂；既有各环节自身面临的风险，又有相互协调风险；既有确定性风险，又有不确定性风险；既有一般风险，又有重大风险。所以在研究天然气开发规划方案时，必须对规划方案的风险予以高度重视。

国际上，企业的战略规划与风险管理已经紧密结合在一起。近些年，中国也相继出台了《中央企业全面风险管理指引》《中央企业年度风险管理报告》等一系列文件，足以看出我国对企业的风险管理也越来越重视。战略规划中的风险管理是整个企业风险管理中非常重要一部分，在近年来中国石油所制订的不同层次天然气开发规划方案中，已经对风险分析有了一定的认识，从定性的角度对各种风险进行辨识，但风险定量化分析研究明显不足[9-13]。

天然气开发规划方案是天然气开发的"指南针"，为了更好地规避风险，突出开发规划方案的指导作用，加强风险量化评价研究十分重要。本书依托"中国石油的天然气业务发展规划研究""中国石油的天然气资源保障战略研究""天然气开发关键技术""中国石油页岩气发展总体规划"和"页岩气开发规模预测及开发模式研究"等重大课题，针对天然气产业发展特点，以天然气开发规划编制程序和方法为切入点，突出规划方案中的关键风险点，对国内外风险分析方法进行比较和筛选，将定性和定量方法结合，最终建立适合天然气开发规划风险分析的模型，对规划中的风险因素进行量化分析，为进一步提高天然气开发规划研究水平，提高规划方案的科学性、可操作性和抗风险性奠定了基础。

第二节　油气行业风险研究状况

风险管理的研究最早可追溯到公元 916 年的共同海损制度，真正的风险管理源于 20 世纪 30 年代的美国，而堪称风险管理研究里程碑的事件当属 1975 年美国保险管理协会更名为风险与保险协会，这标志着风险管理从原来的用保险方式处置风险转变为真正按照风险管理的方式处置风险，协会的活动促进了全球性风险管理运动的发展。经过多年的发展，它已经随风险分析形成了一门独立的学科，风险一词也成为人们日常生活中出现频率很高的词汇。

一、风险的定义及其内涵

从远古至今，人类发展历程充满风险，风险存在于人类各种活动之中。所谓风险，就是预期目标的不确定性或损失。换句话说，风险是指一个事件产生我们所不希望的后果的可能性。根据 GB/T 23694—2013《风险管理—术语》中的定义，风险是指不确定性对目标的影响。影响是指偏离预期，可以是正面的或负面的。

风险自古有之，它随人类的发展而发展，随科学技术的进步而变化，特别是进入现代社会以后，国际和国内的大量事件使人们认识到"风险"是关系到国家、企业、家庭，直至个人的生存发展及前途命运的大问题，管理风险应对风险，已成为组织管理、业务工作及个人生活中一项极其重要的内容。这是关系到组织前途及命运的大事，对一些重大风险如认识不清、措施不利、处理不好，可能造成严重后果，切不可粗心大意。

因此对于风险的理解，从广义上讲，风险是指在特定的客观条件下，特定时期内，某一事件其实际结果与预期结果的变动程度。这种变动可能是正向的，即实际结果好于预期；也可能是反向的，即实际结果不及预期。变动程度越大，风险越大；反之，则越小。从狭义上说，风险是指可能发生损失的不确定性，强调可能存在损失，而这种损失是不确定的，说明风险只能表现出损失，即实际结果只能不及预期。

企业在实现其目标的经营活动中，会遇到各种不确定性事件。这些事件发生的概率及其影响程度是无法事先预知的，这些事件将对经营活动产生影响，从而影响企业目标实现的程度。这种在一定环境下和一定限期内客观存在的、影响企业目标实现的各种不确定性事件就是风险。

如果采取适当的措施使破坏或损失不会出现，或者说通过智慧的认知、理性的判断，继而采取及时而有效的防范措施，那么风险可能带来机会，由此进一步延伸的意义，不仅规避了风险，可能还会带来比例不等的收益，有时风险越大，回报越高、机会越大。

风险因素、风险事件和风险结果是风险的基本构成要素，风险因素是风险形成的必要条件，是风险产生和存在的前提。风险事件是外界环境变量发生预料未及的变动从而导致风险结果的事件，它是风险存在的充分条件，在整个风险中占据核心地位。风险事件是连接风险因素与风险结果的桥梁，是风险由可能性转化为现实性的媒介。

按照风险产生原因进行分类，风险可分为自然风险、社会风险、政治风险、经济风险、技术风险。（1）自然风险：自然风险是指因自然力的不规则变化使社会生产和社会生活等遭受威胁的风险，如地震、风灾、火灾及各种瘟疫等自然现象是经常且大量发生的，自然风险具不可控性、周期性和引起后果的共沾性三大特征。（2）社会风险：社会风险是指由于个人或团体的行为（包括过失行为、不当行为及故意行为）或不行为使社会生产及人们生活遭受损失的风险。（3）政治风险（国家风险）：政治风险是指在对外投资和贸易过程中，因政治原因或订立双方所不能控制的原因，使债权人可能遭受损失的风险，如因进口国发生战争、内乱而中止货物进口，因进口国实施进口或外汇管制等。（4）经济风险：经济风险是指在生产和销售等经营活动中由于受各种市场供求关系、经济贸易条件等因素变化的影响或经营者决策失误，对前景预期出现偏差等导致经营失败的风险，如企业生产规模的增减、价格的涨落和经营的盈亏等。（5）技术风险：技术风险是指伴随着科学技术的发展、生产方式的改变而产生的威胁人们生产与生活的风险，如核辐射、空气污染和噪声等。

从管理角度来说，所谓"风险"，是指发生某种不利事件或损失的各种可能性的总和。风险具有以下三个特征：一是不确定性，即风险是与偶然事件相联系的，可能发生也可能不发生；二是可测性，即风险都是与特定时空条件相联系的，风险事故的发生是可以通过数学或统计学里的概率进行定量表述；三是负面性，即风险是与损失或不利事件相联系的，没有损失就没有风险和风险管理。

风险代表一种不确定性，这种不确定性是主观对客观事物运作规律认识的不完全确定，一时尚无法操纵和控制其运作过程；也包括了事物结果的不确定性，人们不能完全得到所设计和希望的结果，而且常常会出现不必要或预想不到的损失。

长期以来，人们通常将可能出现的、影响目标实现的"威胁"等不利事件统称为"风险"，是一种未来的可能发生的不确定性事件对目标产生的影响。即"可能发生的事件对预期目标的影响"，影响程度越大，风险也就越大；反之，风险就越小。

实际结果与预期目标有较大背离的原因，可能是当事者对有关因素和未来情况缺乏足够情报而无法做出精确估计，也可能是由于考虑的因素不够全面而造成预期效果与实际效果之间的差异。因此，进行风险分析，有助于确定有关因素的变化对决策的影响程度，有助于确定投资方案或生产经营方案对某一特定因素变动的敏感性。若一种因素在一定范围内发生变化，但对决策没有引起很大影响，则所采取的决策对这种因素是不敏感的；若一个因素的大小稍有变化就会引起投资决策的较大变动，则决策对这一因素便是高度敏感的。了解在给定条件下的风险对这些因素的敏感程度，有助于正确地做出决策。

风险分析就是找出行动方案的不确定性（主观上无法控制）因素，分析其环境状况和对方案的敏感程度；估计有关数据，包括行动方案的成本、不同情景下所获得的收益、各种不确定性因素发生的概率，计算各种风险情况下的结果，做出正确判断等。

二、油气行业风险研究进展

石油工业风险应用研究始于 20 世纪钻井风险评价，1968 年，Newendorp 开展油气钻井投资项目风险的定量化研究[14]，20 世纪 70—80 年代勘探开发风险评价研究广泛[15, 16]，90 年代 HSE 风险成为研究热点[17, 18]。特别是国内外大石油公司，非常重视风险研究，形成了丰富的研究成果[19-21]，其中斯伦贝谢（Schlumberger）公司应用蒙特卡洛方法评价新勘探开发项目的风险，伍德·麦肯兹（Wood Mackenzie）公司使用风险评价矩阵方法评价项目的政治风险、市场风险、经济效益风险、技术风险，APEX 公司把石油项目风险划分为地质、技术、经济和财务风险，并开展风险研究工作；中国石油天然气集团有限公司（以下简称中国石油）是国内较早开展天然气风险研究公司之一，在制订公司天然气业务中长期发展规划时，定性描述了规划实施过程中潜在的资源、市场、技术和经济效益风险。

从研究领域、决策重点、评价方法、评价软件等方面来看，国内外油气风险研究成果主要有以下几点。

（一）研究领域

国外以勘探开发、管输和健康安全环保风险研究为主，尤其以海洋石油勘探开发相关的风险研究及钻井相关的风险分析为甚，对下游市场风险的分析则大多是涵盖在这些研究之中[22-28]。国内油气行业风险分析主要集中在天然气下游市场、管道、勘探和钻井风险方面。总体上风险分析多为单一项目，上游、中游、下游一体化风险分析很少见，针对天然气开发规划风险量化研究几乎没有[29-35]。

（二）决策标准

"经济风险最小"常常是优先甚至是唯一考虑的因素[36]。

（三）评价方法

20 世纪初统计分布方法开始应用在不同的行业，40 年代，基于 von Neumann 和 Ulam 博弈理论的蒙特卡洛方法普遍应用；60 年代初，在石油工程方面有简单统计方法的应用；70 年代，蒙特卡洛法基本上取代简单统计成为主流方法；21 世纪初模糊数学也有应用。国内常用风险分析方法还有专家判断法、盈亏平衡分析、敏感性分析和概率分析、综合分析法，近年又出现了解释结构模型、因子分析法、动态算法等新的评价方法，但应用较少。风险评价方法大体可以分为两类，一是出现早且经典的方法，如蒙特卡洛法、"故障树"等，这些方法或者功能强大，或者通俗易懂操作方便，因而应用广泛；另一类是近年广泛使用的方法，如模糊数学法、灰色评价法、灰色层次分析法、神经网络等，这些方法能够适应新形势下对复杂问题评价的要求，因而也有较大的应用空间[37-49]。

（四）评价软件

风险评价软件主要有美国的"Analysis Power Tools"系列软件，如 @Risk 和 Predict、英国的"RiskNet"软件、挪威的"SAFETI"软件、芬兰的"RiskMan"软件等。其中以"SAFETI"软件的应用最为广泛，"SAFETI"软件主要是用于油气开发运输环节诸如泄漏、扩散之类的安全事故危害程度的量化分析；而 Predict 和 @Risk 都是基于蒙特卡洛方法构建的软件，Predict 软件主要应用于油气生产中易受 H_2S 和 CO_2 等腐蚀的设计、设备安装使用等领域，@Risk 软件只是提供了解决风险量化问题的一般工具平台，用户需要首先在软件界面上构建自己的模型[50]。

三、已有研究成果的不足

总结已有的关于油气行业的风险研究成果，其共同的特点就是只针对单一项目进行风险评价。天然气开发规划涉及上游、中游、下游各个领域，是一个庞大复杂的系统工程，在风险分析评价方面与单一项目有明显的不同（表 1-1、图 1-1），图 1-1 中 P95、P50 和 P5 分别代表储量产量 / 效益累积分布概率的 95%、50% 和 5% 时的对应值。其不同主要体现在以下四个方面。

表 1-1 天然气开发规划风险研究与一般单一项目风险研究差异

内容	单一项目风险研究特点	天然气开发规划风险研究特点
横向（空间概念）	单一区块为主	区块多，相互作用，属性不同
纵向（时间节点）	相对时间，第 1 年、第 2 年、第 3 年…	绝对时间，2013 年、2014 年…
量化目标	经济效益是唯一目标	产量、效益
敏感评价方法	敏感指标上下浮动 20%	需要分类建立评价方法

（一）空间概念范围不同

单一项目风险评价只有一个气田，开发规划风险评价涉及多个气田，带来的难点是必须解决好气田个体的特殊性及它们之间的相关性。特殊性表现在这些气田的储量处于不同的开发状态，有探明已开发储量、探明未开发储量和待探明储量三种类型，三种类型储量资料丰富程度不一样，主要风险有差异。相关性表现在气田之间的相互约束上，部分气田会因为其他气田的存在推迟开发，因此需要确定规划期内投入开发的所有气田及其开发顺序。

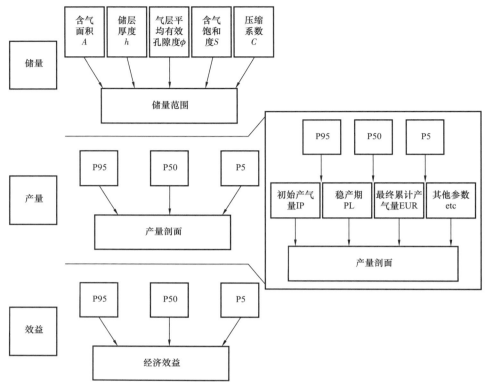

图 1-1　天然气开发规划风险研究与一般上游风险研究侧重点

（二）对时间节点的要求不同

单一项目风险评价不关心气田开发的起始年，只关心相对于起始年的各年产量，而开发规划风险评价对时间要求严格，起始年起着重要的作用。如某个气田开发的起始年是 2011 年还是 2012 年，在其他条件完全相同的情况下，单一项目风险评价认为两种情形的风险完全相同，而规划风险评价的结果可能截然不同。

（三）量化目标不同

单一项目风险评价只关心开发经济效益的风险大小，而在规划风险评价中，经济效益和产量规模同等重要，特别是由于规划事关企业发展全局，有时产量规模比经济效益更加重要 [51, 52]。

（四）风险参数重要程度的量化方法不同

单一项目风险评价采用敏感分析方法，将所有参数的变化范围都设定在一个固定变化范围内 [53]，如 ±20%。开发规划风险评价中每个量化参数具有不同的变化规律和分布特征，敏感分析方法不能反映这些特点，规划风险因素评价时直接套用敏感分析方法存在局限性。

综上所述，单一项目风险评价与天然气开发规划方案风险评价有诸多不同之处，在进行天然气开发规划风险评价时，不能直接套用单一项目的风险评价方法，需要根据天然气开发规划特点，建立一个适应性更强的风险量化评价模型。

第三节　天然气规划风险评价的意义及内容

鉴于天然气开发规划方案对于国家和油气企业天然气产业健康发展的重要性，本书最终目的是在系统梳理天然气开发新阶段、新形势规划编制内容及流程的基础上，开展天然气开发规划关键风险辨识及其分类评价，创建天然气开发规划方案风险量化评价模型，用于科学评价天然气开发规划方案实施过程中潜在风险大小、准确辨识关键风险点并提出针对性规避风险的措施。

一、开展天然气开发规划风险评价研究的重要意义

（一）天然气开发规划方案是天然气业务持续健康发展的基础

开发规划是针对相对较长时间对全局的决策，并预期起到统揽全局、为生产建设提供全面指导的作用，开发规划方案具有指导性、全局性、长远性、竞争性、系统性、风险性等特点。

天然气开发规划方案是天然气生产的"指南针"，对于指导天然气开发生产组织管理、保障天然气供应的稳定具有重要意义，而稳定天然气供应将在促进天然气工业体系的健康可持续发展、保障国家资源供应安全、实现生态文明型社会建设中发挥更加重要作用。

（二）风险评价研究是有效辨识潜在威胁和制定规避措施的重要手段

由于天然气开发规划的长期性及未来变化的不确定性，要增强其对现实的指导意义，就必须进行系统的风险分析，通过有效辨识天然气开发规划方案的关键风险点，提出针对可能出现的各种变化情况的对策及不同环境下的实施方案选择，提前部署防范措施，能够将规划方案中潜在风险的威胁降到最低。

风险是表示事件发生的概率及其后果的函数。对风险的认识应把握四个关键点：风险是事件未来的不确定性；风险是可能发生的危险和损失；风险是未来实际结果与预期结果之间的偏差，特别是不利结果差异及其危害；风险可以被认知、识别和测算，甚至可表示为事件的可能结果及其概率的函数。

风险评价是指确定危害事件发生概率和模拟事件的危害程度，计算其风险值的大小，对其可接受性做出评价，提出风险预防和减控措施及应急预案等，为风险管理提供依据和保障。其他常用名词之间的关系如图1-2所示。

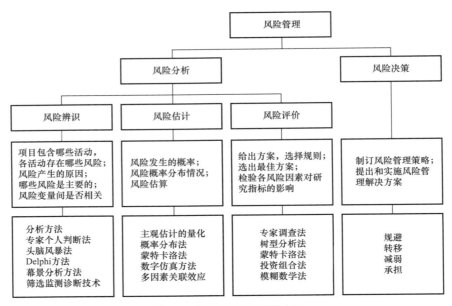

图 1-2　风险管理过程及方法

（三）风险量化分析模型是科学编制规划方案的关键技术方法

天然气资源供应能力是天然气产业链的基础，如何确定天然气供应规模是天然气开发规划方案的重要环节。在资源勘探开发潜力分析的基础上，统筹考虑市场需求、管输能力、政策导向、气价水平等多方面因素，对天然气供应规模未来走势进行预测。这其中涉及许多技术方法，主要包括储量产量预测技术、规划编制方法（气田开发指标预测、开发规律总结和开发潜力分析等）、情景分析技术、供应规模优化技术、风险评价技术等（图 1-3），其中风险量化评价技术是最关键的技术方法。

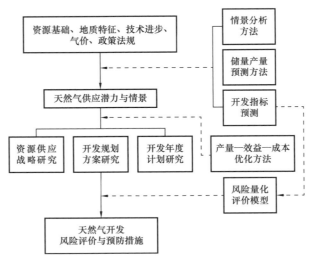

图 1-3　天然气资源供应论证关键技术

二、天然气规划方案风险分析模型

天然气开发规划方案风险评价研究以风险评价理论为指导，把风险研究分为识别、分析、评估三个步骤，重点是天然气开发规划方案风险因素分析、天然气开发规划风险量化评价方法研究、规避天然气开发规划风险的策略研究三个层面，结合天然气开发规划特点建立适应性更强的规划方案风险分析模型，主要包括以下五个方面的内容（图 1-4）：

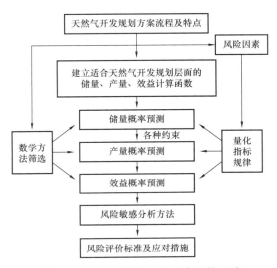

图 1-4　天然气开发规划风险评价思路

（1）根据天然气开发新形势要求，确立相应的天然气开发规划方案编制流程和内容；

（2）多方法分析天然气开发规划中的风险因素，系统梳理天然气开发规划风险点及它们深层次的含义；

（3）从方法的原理、优缺点、适用条件等方面对比风险分析方法，结合天然气开发规划自身的特点筛选评价方法；

（4）研究适合于天然气开发规划特点的储量、产量和效益的量化函数，研究天然气开发规划风险分析模块具体的算法以及模块间的逻辑关系；

（5）针对不同风险类型建立与之相适应的风险因素敏感程度评价方法。

研究的关键是如何将天然气开发规划这样一个复杂的"物理问题"转变成可以量化分析的"数学问题"，涵盖四个方面的关键问题：

（1）适合于规划层面上的储量、产量、效益的评价函数，即规划目标与量化指标的逻辑关系；

（2）量化指标分布规律及相关联指标关系的处理，即量化指标与风险因素的过渡关系；

（3）约束类问题处理：评价单元之间相互影响，如何实现所有评价单元最优化；不同时间节点风险评价，如何评价风险在时间上的累积效应；

（4）不同类型风险因素的敏感性分析方法。

第二章 天然气开发规划风险因素辨识与分类

天然气的开发认识过程是一个逐步完善、不断趋向真实的过程，尤其是在天然气开发早期阶段，受资料条件和技术手段限制，气藏地质认识往往存在偏差，天然气规划执行过程中存在风险也是必然的。本章从天然气开发规划编制流程入手，论述规划方案的内容及其一般程序，重点突出了常规气（含致密气）、页岩气开发潜力分析方法，结合影响开发潜力的主要因素，阐述了规划方案风险识别的原则和方法，并对风险因素进行了详细的分类评价，为下一步的量化评价模型建立奠定了基础。

第一节 规划方案一般流程

天然气开发规划方案编制是一项综合性、前瞻性和战略性工作，是系统总结天然气开发历史、正确评价现状、科学预测未来、明确发展方向和发展目标、制订开发策略、指导生产实践的综合性研究成果。规划方案是规划时间段内天然气开发指导性文件，方案一旦确定，其制订的开发策略、开发思路、开发指标、开发工作量具有严肃性，在天然气开发形势没有发生较大变化的情况下，开发工作应该在规划指导下组织实施，并努力完成规划目标。规划方案的特殊性决定了方案编制过程必须严谨，必须根据形势的变化不断完善规划编制方法。

一、规划研究内容

规划就是为了对全局或长远工作做出统筹部署，以便明确方向，激发干劲，鼓舞斗志。因此规划不仅规模宏大、涉及面广、概括性强，而且带有方向性、战略性、指导性，其内容往往要更具有严肃性、科学性和可行性，这就要求作为从事规划研究或编制的科技工作者，必须首先进行深入的调查和周密的测算，在掌握大量可靠资料的基础上，根据国家、行业及具体企业的发展方针确定发展远景和总体目标，然后充分吸收有关意见，以科学的态度，反复经过多种方案的比较、研究和选择，确定各项指标和措施。

天然气规划编制要全面落实国家发展规划和能源发展规划等在天然气领域提出的目标任务和重大工程项目，深入分析天然气产业现状、面临形势，以及政策、资源、生态环境等约束性、激励性因素，提出天然气发展的指导思想、基本原则、发展目标、重点任务、项目布局、配套政策及保障措施等。

"规划方案"是一种结果，它是在规划工作所包含的一系列活动完成之后产生的。它是对未来行动方案的一种说明，它告诉管理者和执行者未来的目标，要采取什么样的活动来达到目标，要在什么时间范围内达到这种目标，以及由谁来进行这种活动等。"规划工作"是一种预测未来、设立目标、决定政策、选择方案的连续程序，以期能够经济、有效地使用现有资源，有效地把握未来的发展，获得最大的成效。

天然气开发规划方案一般包含两部分内容：一是规划目标，即企业在未来的发展过程中，通过应对各种变化所要达到的目标；二是规划部署，就是为了实现目标制订的具体安排，包括考虑使用什么手段、什么措施、什么方法等。

根据开发规划研究时间段的不同，可将天然气开发规划方案分为三类：五年开发规划方案、滚动开发规划方案和长远开发规划方案。

（一）五年开发规划方案

所谓五年开发规划方案时间段是五年，与相应的国民经济五年发展规划相对应，2020年是第十三个五年规划的结束年，时间段是 2016—2020 年。五年开发规划方案是长远开发宏观目标控制下的近期开发工作的具体部署。如"某公司'十三五'天然气开发规划方案""某地区'十三五'天然气开发规划方案"等。其任务是根据市场对天然气产量的要求，以及企业长远发展战略制订未来五年的发展目标，安排部署相应开发工作量和具体实施方案。其内容包括：

（1）天然气开发概况；

（2）上一个五年开发规划执行情况；

（3）天然气开发基本形势分析；

（4）下一个五年开发发展规划；

（5）后十年天然气开发远景规划。

（二）滚动开发规划方案

滚动开发规划方案是在五年开发规划方案指导下，根据第一年的具体实施情况，按照"近细远粗"的原则逐年滚动编制的开发规划方案，根据规划的执行情况和环境变化，调整和修订未来的规划，并逐期向后移动，时间段一般为 3～5 年。如"某地区 2012—2015 年天然气滚动开发规划方案""某公司 2013—2018 年天然气滚动开发规划方案"等。

原则上，规划方案应尽可能保持稳定，但也不是一成不变的，因为未来的发展总是会有诸多不确定性和不可预见性，某些因素的变化，必须不失时机地对已有规划方案进行修订，因此要在实施过程中根据动态变化进行滚动开发规划方案编制，针对规划实施中出现的新情况新问题，进行不断的调整，编制出更加符合实际的开发规划方案，把短期计划和中期规划有机结合起来，建立具有较大灵活性和实用性的弹性规划体系——滚动规划体系，从而始终保持规划的有效性，更好地为天然气生产部署提供依据。滚动开发规划方案编制内容主要包括：

（1）评价本期滚动规划方案第一个年度的规划实施效果；

（2）分析实施情况与规划之间的差异和原因；

（3）分析新的开发形势和战略政策方针；

（4）修订原规划，制订新的滚动规划方案，原规划方案的第二个年度也相应地成为新规划方案的第一个年度。

（三）长远开发规划方案

长远开发规划方案一般是长远开发战略决策问题，也就是战略规划，是考虑了科学技术发展及可能获得的储量潜力，对未来 10 至 20 年，提出科学的、可行的宏伟目标，并对天然气开发重大的工程建设、技术研发与改造做出规划部署。其内容主要为：

（1）天然气长远开发的储量资源潜力分析；

（2）长远开发指标预测；

（3）长远开发产量目标的确定；

（4）长远开发工作关键工程与重大技术攻关。

二、规划编制原则

天然气规划依据国家发展规划编制，与国家发展规划的规划期同步，是国家能源发展战略和规划在天然气领域的细化和落实，是国家能源发展规划体系的重要组成部分。天然气开发规划编制需要综合考虑资源禀赋条件、市场需求、经济效益、开发技术、政策法规、环境保护、国家和企业的长远利益等（图 2-1）。编制开发规划方案一般坚持以下原则：

（1）坚持统筹兼顾一体化可持续发展原则。更加注重规划的战略导向作用，增强指导和约束功能，统筹重大战略和重大举措时空安排功能。综合考虑资源供应能力、市场需求和管道输送能力之间的匹配关系，三者相比取其小，同时保持合理的储采比和一定的负荷能力，实现可持续发展；

（2）坚持战略性与操作性相统一的原则。既要加强对未来五年甚至更长远的发展谋划，增强规划宏观性、战略性、指导性，又要突出规划的针对性和约束力，同时必须由虚转实，充分利用信息技术引导目标设定和规划决策，建设智能化信息平台提高规划编制和管理的科学性，做到可操作、能落实、易评估；

（3）坚持资源优化动用与气田科学开发的原则。遵循自然规律和经济规律，突出近期、兼顾长远、整体规划、分步实施。短期规划目标以落实的探明储量为主，远期规划目标应考虑未来新增探明储量的潜力。加强储量、气田生产动态、开发技术政策适应性等专题研究，根据气藏类型优选开发模式，制订科学的气田开发指标，保证气藏开发规模更加合理、稳定生产周期更长、最终采收率更高；

（4）坚持经济效益最大化的原则。优先规划开发动用储量品位好的区块，随着技术进步、投资成本降低、气价提高，逐步开发动用资源品位差的区块，追求整体效益最大，落实高质量发展的要求；

（5）坚持资源开发与环境保护相协调原则。处理好天然气开发与生态环境保护的关系，注重生产、运输和利用中的环境保护和资源供应的可持续性，减少环境污染。特别是针对高含硫化氢、高含二氧化碳、深层高压等复杂气藏，更要科学部署开发节奏，提前部署风险防范措施，加强生产监督；

（6）坚持成熟技术规模推广与瓶颈技术攻关相结合的原则。要高度重视一些成熟技术的规模化推广应用，集中配套形成模式，支撑近期规划目标的落实。针对复杂碳酸盐岩、超深超高压、深层页岩气等复杂气藏，要以问题为导向，找准"卡脖子"技术加强攻关和研发，通过自主创新与引进技术相结合，提高自主创新能力，促进复杂气藏规模有效开发，为实现最终规划目标提供技术支持。

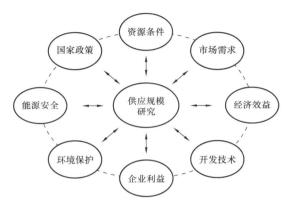

图 2-1　天然气开发规划方案编制重点考虑因素（以供应规模为核心）

三、规划编制流程

天然气开发规划方案编制要确定若干个关键指标，产量规模、工作量、投资和经济效益等，围绕这些指标，规划方案编制首先需要分析规划区域的天然气资源规模，结合气藏地质特征评价开发潜力，综合考虑市场需求、管道输送能力、企业发展战略等确定开发规划目标，再根据安全生产要求、区域综合效益，部署开发工作和工作量投入情况，如开发钻井数、钻井进尺和地面建设工作量，最后测算开发投资规模并对规划方案的经济性进行评价（图 2-2）。

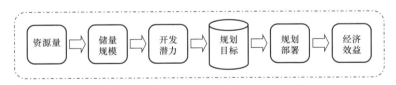

图 2-2　天然气开发规划编制流程

在天然气开发规划编制过程中，天然气开发潜力分析、产能建设规模及投资测试也是非常重要的工作。

（一）开发潜力分析方法

天然气开发潜力分析是开发规划编制中最为重要的一个环节。鉴于页岩气开发的特殊性，将潜力分析方法分为常规气和页岩气分别进行论述。

1. 常规气开发潜力分析方法

天然气开发潜力分析实际上就是对未来产量变化趋势的预测。针对常规天然气产量的预测方法主要包括[5]：类比法（如资源采气速度法）、生命模型法（如哈伯特模型、翁氏模型等）、组合模型法（灰色—哈伯特法、神经网络—哈伯特等）、储采比控制法、产量构成法、油气藏工程法和供需一体化预测法等。每一种预测方法的特点和适用条件都不尽相同：勘探开发初期一般采用类比法，勘探开发中后期侧重于生命模型法和组合模型法；在气田层面一般采用油气藏工程法，在盆地层面和国家层面则更多地使用生命模型法、产量构成法、组合模型法和供需一体化法；短期预测时采用产量构成法、组合模型法具有较高的精度，中长期预测时使用生命模型法、储产比控制法更能把握宏观趋势；而供需一体化预测法则着眼于市场需求，基于天然气业务一体化协调发展的要求来预测产量。

在编制开发规划方案过程中常常根据气田所处的开发阶段，将规划单元分为探明已开发气田、探明未开发气田和待探明气田三个层次，其中探明已开发气田又可细分为递减气田、稳产气田和上产气田（图2-3）。规划单元所处的开发阶段不同，资料丰富程度和地质认识程度不同，开发潜力评价方法和评价结果的可靠性也有差异。

已开发气田潜力根据气田不同开发阶段进行分析。其中递减气田通过分析递减规律确定递减指数，同时分析延缓递减及提高采收率的潜力和措施，并据此预测递减期产量；稳产气田根据开发动态进行稳产形势分析，动态指标与方案指标符合的继续采用方案设计的稳产期、递减率和采收率，动态指标与方案指标不符的则根据动态资料分析原因，并选择数值模拟、生产动态和压力产量趋势分析等方法重新进行产量预测；上产气田根据气田地质特征和方案设计预测开发指标和产量趋势（图2-3）。

探明未开发气田的潜力分析中，对于已经编制完成开发方案的气田，可以直接采用开发方案设计指标确定开发潜力，对于没有开发方案的气田，首先评价储量大小和气藏特征，选择类比法、数值模拟法和气藏工程方法预测开发指标和产量趋势。

待探明气田的开发潜力分析依据勘探规划新增储量规模，结合具体区块的地质特征，参照已开发相似气藏的开发指标类比确定开发规模。

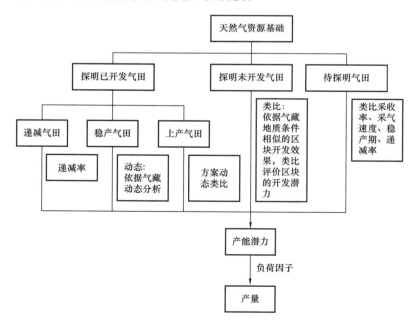

图2-3　常规天然气开发规划单元划分及开发潜力评价方法

通过细分评价单元，根据每个评价单元特点进行有针对性的开发潜力测算，汇总形成规划区域总的开发潜力（产能潜力和产量潜力）。

产量潜力等于产能潜力乘以负荷因子。负荷因子指产量与产能的比值，国外一般称其为产能的有效利用率。由于供气不均匀性和突发事件的客观存在，在进行产能建设计划和产量安排时应适当留有生产能力余量，即合理的负荷因子，这是实现安全平稳供气和科学开发气田的关键。根据国内外长期开发实践，一般气田的负荷因子在 0.9 左右是合理的，既不会造成产能的闲置，又能够保持平稳供气；对于主力气田和气区，有时需要承担应急任务，负荷因子在 0.85 左右比较合理。

2. 页岩气开发潜力分析方法

页岩气储层不同于常规油气储层，传统开采技术无法获得自然工业产量，需要利用水平井和大规模压裂技术形成裂缝系统，改造成为"人工气藏"才能实现商业开发。页岩气藏单井产量递减快，所以气田的稳产只能通过井间和区块接替方式实现，规模开发需要大量钻井。页岩气开发潜力预测最小单元是气井，于是基于标准井产量叠加的方法就成为页岩气开发潜力分析的首选方法（图 2-4）。

从图 2-4 可以看出，页岩气潜力分析关键在于确定可布井数和气井产量剖面。如何确定这两个关键参数，笔者经过多年来负责的页岩气开发评价和发展规划研究等方面课题，进行了大量的探索与实践，形成了一些认识和方法。

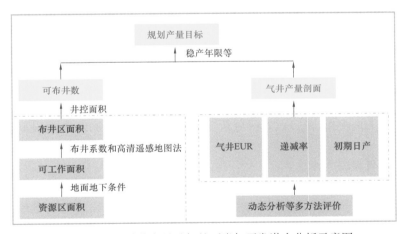

图 2-4 基于单井产量叠加的页岩气开发潜力分析示意图

一是必须突出标准井的概念。页岩气潜力分析预测中所说的单井，并不是指某一口具体的井，而是"标准井"，所谓标准井基于综合地质条件、工程工艺、投资成本等参数建立起来的虚拟井，如埋藏深度 3500m、Ⅰ类储层厚度 10m、水平段长度 1500m、压力段数 25 段、综合投资 6000 万元等。只有通过标准井才能建立统一的气井评价标准，使得不同开发区块、不同投资主体之间的开发指标对比分析结果更加客观，不仅可以大幅简化开发潜力分析的工作量，而且分析结果更加落实可信。

二是可布井数的测算方法。经过近年对国内页岩气发展潜力分析评价实践，建立了两种可布井数的测算方法，可视具体掌握的资料情况和技术手段选用。

第一种方法是基于布井系数的宏观预测方法，所谓布井系数是指资源有利区布井面积占总面积的比例，主要是参考已投入开发且井网较完善的气田（区块）情况，如统计北美地区费耶特维尔、海恩斯维尔、巴内特、马塞勒斯等气田的布井系数在44.7%~63.2%，井位主要部署在页岩厚度大、TOC含量高、孔隙度高、储量丰度高的区域。通过布井系数计算出可布井面积，再根据所需的井网密度测算可布井数。如可布井面积1km²、井网密度0.5km²/口，则可布井数是2口。该方法较为宏观、简单，但精度相对较低。

第二种方法是基于高清遥感地图的直接确定可布井数法，其流程如下：（1）基于埋藏深度、储层厚度、压力系数和断层分布等地下因素确定页岩气开发有利区；（2）再结合城市规划区、军事禁区、煤矿采空区、政府划定禁采区和风景名胜区等地面因素确定页岩气开发可工作区；（3）在有利区筛选的基础上，结合地面高精度遥感技术对地面布井平台进行了初步筛选，平台位置确定重点要找地面条件适宜钻井的位置，地势相对平坦、有道路沟通区域为优；（4）结合可布平台位置和井模式，确定可布井数。该方法较为复杂，测算结果更加可靠。

三是气井开发指标预测方法。这里所指的气井开发指标就是页岩气井的EUR，即单井最终累计采气量。评价方法包括常规评价方法和基于机器学习的数据驱动评价方法，常规页岩气井EUR评价方法包括经验法、现代产量递减法（包括模拟预测法）和概率法等。对于已投产井的EUR预测普遍采用经验法、现代产量递减法等。对于未投产井的EUR预测主要采用概率法和机器学习方法，概率法作为不确定性方法，是利用已开发井的生产动态数据来分析气井的典型曲线参数，实现未投产页岩气井EUR的概率预测；机器学习的数据驱动方法，基于地质和工程等参数可以建立类似区块未投产井的预测模型，进行EUR的预测。

（二）产能建设规模及投资测算方法

天然气产量目标确定以后，需要分析实现规划目标所需的产能建设规模，同时测算投资需求。

1. 新建产能规模测算方法

天然气开发规划周期长，新建产能需要逐年测算。总结多年新建产能规模及保障安全平稳供气经验，天然气产能建设规模应根据下一年度供气高峰月的日均供气量进行测算，新建产能规模测算方法如下：

$$新建产能需求 = 下一年度高峰月日均供气量 \times 年度生产天数 -$$
$$上一年度末实际配套产能 \times (1 - 综合递减率) \qquad (2-1)$$

其中，综合递减率取上一年度末气田核定的综合递减率。

2. 产能建设投资测算方法

产能建设投资包括新气田产能建设投资、老气田改造项目投资和其他辅助工程投资。新气田产能建设投资是主体，又分为钻井投资、地面配套投资、天然气处理（净化）厂投资和气田集输干线投资四部分，测算方法如图2-5所示。首先，根据新建产能规模和单井产量，确定钻井数，钻井数 = 产能规模 /（单井日产量 × 单井年度生产天数）；确定钻井进尺，钻井进尺 = 钻井数 × 平均井深；确定钻井投资，钻井投资 = 钻井进尺 × 单位钻井进尺成本。其次，根据钻井数、钻井成功率和利用老井数确定配套井数，配套井数 = 钻井数 × 钻井成功率 + 利用老井数；确定地面投资，地面投资 = 配套井数 × 单井地面投资。其中，钻井成本和单井地面投资根据不同气藏的投资模式确定，主要参照历史上同类气田实际成本、钻井数和钻井进尺，并考虑物价上涨等因素进行测算。最后，净化厂及气田集输管线等重大地面工程投资按项目单独测算（利用工程量进行经验类比或由工程造价专业人员进行详细测算）。以上四部分投资之和即为产能建设投资。

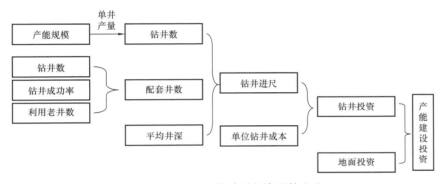

图 2-5　天然气产能建设投资测算方法

对于页岩气来说，由于产量预测依靠单井叠加方法，且单井无稳定的产量，产能在不同的时间阶段会有较大的变化，所以产能的概念没有实际意义，若按常规气那样计算产能，就会出现产能虚高现象，即产能远高于实际产量。因此，针对页岩气最好不要用产能的概念，直接用井数与产量挂钩。根据规划的产量要求，结合单井 EUR，测算出所需的井数，再根据井数测算所需投资即可。

第二节　风险识别原则与方法

风险识别就是运用一定的方法对项目潜在风险进行系统归类和辨识，可以通过感性认识和经验，更重要的是通过运用会计、统计、项目执行情况和风险记录进行分析、归纳和整理项目风险的过程。风险识别过程包含感知风险和分析风险两个环节。感知风险即了解客观存在的各种风险，是风险识别的基础；分析风险即分析引起风险事故的各种因素，它是风险识别的关键。风险识别的目的在于为风险评估提供前提和决策依据，以保证控制风险在可接受程度或最大限度地减少风险损失。风险识别内容包括确定风险的来源、风险产生的条件，描述其风险特征和确定哪些风险会对本项目产生影响。

一、风险识别原则

（一）坚持识别方法科学的原则

风险识别是风险管理的前提和基础，识别的准确与否在很大程度上决定着风险管理工作的好坏。如果没有科学系统的方法来识别和衡量，就不可能对风险事件有一个总体的综合认识，就难以确定哪些风险事件是可能发生的，会在哪一个阶段发生，也不可能较合理地选择控制和处置风险事件的方法。因此，风险的识别和量化定性要以严格技术手段作为分析工具，在全面收集信息的基础上，充分利用新技术、大数据、新算法等先进工具进行统计分析和计算，以得出比较客观科学的分析结果。

（二）系统性全覆盖的原则

风险是一个复杂的系统，其中包括不同类型、不同性质、不同损失程度的各种风险，使得某一种独立的识别方法难以辨识出全部风险事件。因此，风险辨识应坚持做到"横向到边、纵向到底、不留死角"，综合使用多种识别方法，全面系统地分析各种风险因素及其可能发生的概率及可能造成损失的严重程度，才有可能识别出所有风险。

（三）量力而行的原则

风险识别的目的就在于为风险管理提供前提和决策依据，以保证投资者以最小的投入获得最大的安全保障，减少风险损失。因此，在经费限制的条件下，风险管理人员必须根据实际情况和自身的财务承受能力，选择效果最佳、经费最少的识别方法，以保证用较小的支出换取较大的收益。

（四）制度化、经常化的原则

风险的识别是风险管理的前提和基础，识别的准确与否在很大程度上决定风险管理效果的好坏。风险事件存在于项目整个实施过程中，风险的识别也必须是一个连续不断的、制度化的过程，贯穿于项目的始终。因此，企业需要制度化来规范企业的行为，同样，对于风险防范，也要建立相应的制度。有些企业的风险管理较差，其原因一方面是意识不到位，另一方面是制度不到位。制度带有强制性和系统性的特点，可以保证风险管理的连续性和全面性。

二、风险识别方法

在项目风险的识别过程中，风险管理人员可能会用到各种各样的风险辨识方法，如德尔菲法（专家意见法）、历史经验总结法、流程图分析法、分组分析法、环境背景查对法、检查表法、风险调查表法、风险损失清单法、SWOT分析法❶、情景分析法、决策树分析法和工作结构分解法等，其中前三种方法较常用，下面进行详细介绍。

（一）德尔菲法

德尔菲法又称专家意见法，是指利用专家们的经验、知识和能力进行的风险辨识和分析判断的方法。专家意见的获取主要有三个渠道，一是直接邀请专家进行面对面的经验交流；二是通过调研领域内专家的论文著作，获得专家们的经验认识；三是调研国内外著名企业的通用做法，总结企业在相关领域的风险研究成果。专家意见法的有效性取

---

❶S 代表 Strength（优势），W 代表 Weakness（弱势），O 代表 Opportunity（机会），T 代表 Threat（威胁）。

决于专家们的学识、经验和能力，因此，风险管理人员对专家的选择、专家的组成结构安排及对专家们的意见分析判断都显得十分重要，这关系到项目风险识别的准确性。

这种方法不仅简便易行，而且充分利用了专家的经验和学识，具有广泛的代表性和最终结论的统一性与可靠性。

（二）历史经验总结法

风险因素是可能引发不利事件的原因，不利的事件总是在阻碍规划目标的实现。分析未能完成既定规划目标的案例，能够很直接地发现规划的风险因素。

天然气开发规划指标主要有新增探明地质（可采）储量、天然气产量（商品量），产能建设（动用地质储量、可采储量、钻井数、钻井进尺）、开发投资等，分析以前的开发规划执行情况，查找哪些规划指标没有完成，没有完成的原因是什么，而这些原因正是规划风险所在。

历史经验表明[54]，资源不落实、开发建设节奏快、技术不完善为最常见的风险（表 2-1）。

表 2-1 中国石油部分规划方案风险案例回顾

序号	类型	风险因素	天然气开发规划	规划目标	实际完成	原因分析
1	产量风险	资源规模	"九五"辽河	$83.4×10^8m^3$	规划指标的 79%	天然气新增可采储量较少，不足 $100×10^8m^3$，其中气层气探明地质储量只有 $43.5×10^8m^3$，可采储量 $23.1×10^8m^3$，而且大多是分布在老区的小气藏，形成的生产能力较小
		地质认识	"十五"大港	$30.5×10^8m^3$	规划指标的 59.3%	千米桥气田的复杂性，未能实现规模建产，影响了产量
		管道建设	"十五"青海	$90.5×10^8m^3$	规划指标的 79.5%	涩一宁一兰连接西气东输的兰州一干塘输气管线未建，导致青海油田分公司 2004 年、2005 年规划每年外供 $10×10^8m^3$ 的气量未能实现
		市场需求	"九五"华北	$18.9×10^8m^3$	规划指标的 93.8%	受下游用户的影响，规划向北京日供气 $40×10^4m^3$，实际日供气量只有 $26×10^4m^3$
2	商品量风险	储量规模	"十五"大港	$22.4×10^8m^3$	规划指标的 61%	千米桥气田储量落实程度低，实际评价储量与原上报探明储量存在较大差距
		开发政策	"十五"新疆	$56.5×10^8m^3$	规划指标的 64.9%	实施"以气顶油"战略，自用气量逐年提高，稠油热采用气量由 2000 年的 $5.6×10^8m^3$，提高到 2005 年的 $11.2×10^8m^3$，导致新疆天然气商品率降低，商品量下降

续表

序号	类型	风险因素	天然气开发规划	规划目标	实际完成	原因分析
3	产能建设进度	钻井事故	"十五"塔里木	$144.6 \times 10^8 m^3$	规划指标的66.3%	由于进口管材不到位及事故影响，加上井深、钻井周期长、钻井难度大，克拉2气田剩余产能安排跨年实施配套，2005年产能建设未能及时完成年度计划
		投资规模	"十五"长庆	$65.8 \times 10^8 m^3$	规划指标的88.6%	2005年靖边气田单井产量降低，投资不足，配套产能没有完成，规划$8.0 \times 10^8 m^3$，实际完成$4.8 \times 10^8 m^3$，仅完成规划的60%
		钻井队伍	"十五"大庆	$14.6 \times 10^8 m^3$	规划指标的59.1%	2005年钻井、试气队伍不足，施工延误，产能建设配套没有完成。2005年规划新建产能$10.2 \times 10^8 m^3$，实际完成配套产能$4.7 \times 10^8 m^3$

（三）流程图分析法

流程图分析法是将一项特定的生产或经营活动按步骤或程序划分为若干阶段或环节，对流程的每一阶段、每一环节逐一进行调查分析，从中发现各种潜在的风险因素或风险事件，分析风险可能造成的损失及影响，从而给决策者一个清晰的总体印象。对于天然气开发规划方案的风险分析来说，就是系统分析规划制订的每一个步骤，对每个环节上的不确定因素进行总结。按照规划编制流程中几个指标的过渡关系以及风险可能发生的时间点，天然气开发规划风险分为勘探阶段类风险、开发阶段类风险和约束类风险三大类（图2-6）。

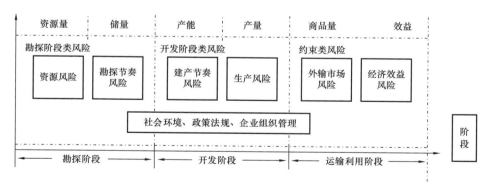

图2-6　不同勘探开发阶段天然气开发规划风险

勘探阶段的任务是在规划期内提交开发需要的储量，实践表明，储量不落实往往是开发规划最大的风险。受规划区域资源禀赋条件及人为因素的影响，勘探结果存在较大的不确定性。不确定性集中表现在两个方面，即资源落实风险和勘探节奏风险：资源是否丰富、资源序列合理性、勘探成熟度、重点领域储量落实程度决定资源落实程度，勘探对象趋于复杂、勘探投资及工作量增加、规划储量发现速度太快、勘探技术不到位决定勘探节奏存在风险。

开发阶段风险是指在提交探明储量后是否能够将储量转化为产量。油气田经产能评价、开发试验和方案编制即进入到产能建设和开发生产阶段，合理的生产规模、较长的稳产期和较高的采收率是油气开发追求的目标，来自产能建设节奏和生产的风险决定了目标是否能实现。一方面，地面环境恶劣、产能建设对象复杂、钻井队伍不足、产能建设工作量（钻井和进尺）偏大、钻完井技术未能有效配套、投资不到位等都会导致产能建设无法完成规划目标；另一方面，开发对象复杂化、产量安排不合理、开发技术不到位、开发经验有限等又会使生产形势变得不确定。

约束类风险主要包括经济效益约束、管道输送能力及市场需求约束和政策法规约束。约束类风险为间接风险因素。气价波动、投资控制不力、成本增加、产量达不到预期等使得开发经济效益面临巨大挑战和风险，同时受市场需求和管道外输能力限制，以及各种无法预计的法律法规政策约束，天然气开发规划目标面临诸多外部风险。

总之，按照编制规划的流程分析，探明已开发储量风险集中在生产阶段，探明未开发储量风险集中在产能建设和生产阶段，待探明储量风险可能发生在勘探开发各阶段，其还共同面临外输、市场、政策法规和经济效益等约束类风险。

第三节　风险因素分类评价

通过对天然气开发规划的风险因素进行多方法识别和分析，总结归纳出主要存在七类风险因素，即资源规模风险、气藏地质风险、规划部署风险、技术水平风险、经济效益风险、管道市场需求风险和能源政策风险。

一、资源规模风险

作为天然气生产企业，天然气资源是其"生命线"。天然气资源既是企业的核心资产，又是其价值的重要体现，衡量一个油气企业的价值和成长性主要是看其未来剩余经济可采储量及价值。开发实践表明，资源/储量风险常常是规划方案最大的风险。如"九五"期间，辽河油田生产天然气 $66 \times 10^8 m^3$，完成规划指标 $83.4 \times 10^8 m^3$ 的 79.1%。主要原因是油田天然气新增可采储量较少，不足 $100 \times 10^8 m^3$，其中气层气探明地质储量只有 $43.5 \times 10^8 m^3$，可采储量 $23.1 \times 10^8 m^3$，而且大多分布在老区的小气藏，形成的生产能力较小，与规划预期存在较大的差距。又如"十五"期间，大港油田规划天然气商品量 $22.4 \times 10^8 m^3$，实际完成 $13.67 \times 10^8 m^3$，未完成规划指标的主要原因是千米桥气田地质复杂，勘探评价时储量期望值过高，导致规划产量安排偏高，而开发评价结果气田的储量规模与预期结果差距非常大。

从不同时期、不同机构或专家对我国的天然气资源评价结果可见，天然气资源量并不是一个一成不变的数值，伴随资源勘探投入不断增加、理论认识不断提高和方法技术不断进步，资源量呈现不断增加的趋势[10]（图2-7）。实际上，由于资源评价参数确定困难，资源量评价结果也具有风险，如第三次全国天然气资源量评价结果（数据来源为国土资源部）表明，期望可采资源量 $22×10^{12}m^3$，但仍有 5% 的概率能够发现的可采资源为 $30.43×10^{12}m^3$，同时有 95% 的把握能够发现的可采资源只有 $15.28×10^{12}m^3$（图 2-8）。

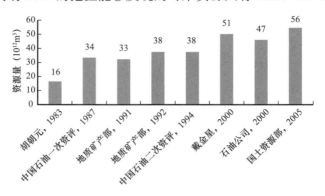

图 2-7　我国天然气资源量评价结果

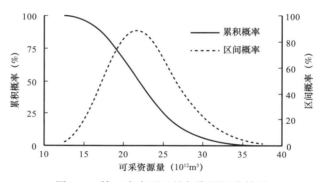

图 2-8　第三次全国天然气资源评价结果

广义的资源规模风险包括两部分，一是资源量可以转化为未来新增探明储量的风险，二是已探明气田如何开发动用储量的风险。

（一）新增探明储量风险

未来新增探明储量风险是指探区内规划的新增探明储量规模及勘探速度的不确定性。

远景资源量、推测资源量、潜在资源量、剩余预测储量和剩余控制储量序列越合理，待钻圈闭梯队储备越充足，资源转化过程越易于控制，可探明储量规模越确定，风险也就越小。但是，受勘探地理环境恶劣、勘探对象日趋复杂、地质认识程度和勘探技术、投资等的约束，发现储量的速度或者说每年提交探明储量的规模是不确定的，年度新增探明储量规划指标存在一定风险。特别是在较短的时间内，试图通过迅速加大探井数量以获得更多探明储量的做法风险更大。

勘探是一个循序渐进的过程，规划的年均新增探明储量有一个合理的范围限制，想获得更多的储量规模必须付出更多的时间。例如，加拿大阿尔伯达（Alberta）盆地用了50 年才获得了一个较高的探明程度，而美国二叠（Permian）盆地用了 90 年，我国的勘探实践经验也表明收获更多的新增探明储量必须有相应的时间和工作量做保障（图2-9）。

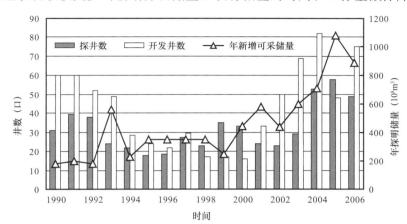

图2-9　中国石油西南气区探井数、开发井数与储量增长的关系

（二）探明气田动用风险

探明气田如何开发动用的风险是指已经提交的探明储量仍存在不确定性，不确定性大小取决于储量申报时的含气面积、有效厚度、孔隙度、含气饱和度和体积系数等各项参数的可靠程度，一般探明储量误差在20%以内、基本探明储量误差为30%左右[55-58]（表2-2）。

表2-2　不同级别储量的统计概率

储量级别	概率范围	可信度
控制储量	±50%	50%
基本探明储量	±30%	70%
探明储量	±20%	80%
探明已开发	±10%	90%
概算储量		累积概率大于50%
可能储量		累积概率大于10%
探明储量		累积概率大于90%

目前，国内探明储量评价参数主要根据探井和有限的评价井资料得到的地质认识基础上获取。由于随勘探开发范围不断扩展，新发现储量类型也越来越复杂，受地质资料获取手段限制，准确评价储量参数有困难，对储量认识的结果不可避免地存在不确定性。根据井网完善的已开发气田动态储量和上报的探明地质储量对比结果可见，二者存在一定差异，特别是一些复杂气田，如火山岩气藏、致密气藏等，差别更大（表2-3）。

表 2-3　复杂气田开发方案设计指标与执行情况对比表（单位：10^8m^3）

气田名称	设计动用储量	设计产能	井控动态储量	气田年产量				备注
				2007 年	2008 年	2009 年	2010 年	
徐深	675.67	16.21	214.26	2.35	4.5	6.34	9.37	火山岩气藏
克拉美丽	547.52	10	88.61		0.6	4.56	5.77	
广安	612.6	10	46.2	4.05	7.68	5.05	2.83	致密气藏

　　国外十分重视储量规模风险的分析评价，美国天然气协会认为，准确估算当年发现气田的高级别储量是不可能的，对于复杂的多裂缝系统的储量，更不是一两次储量计算就能够搞清楚的，气田储量必须在充分钻探以及具有较长的天然气生产历史数据的情况下才能准确估算出来。美国一般评价储量的时间需要持续约 6 年。

　　国外的储量评价主要采用概率模拟方法，首先评价储量计算参数分布范围，然后引入概率模拟方法评价储量可能的分布范围，并根据储量的可靠程度将其分为探明储量、可能储量和概算储量[59-63]，最后针对不同级别储量采取分步开发策略（图 2-10、图 2-11，表 2-4）。

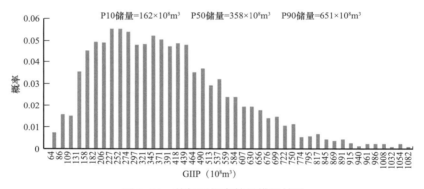

图 2-10　某气田概率储量模拟结果

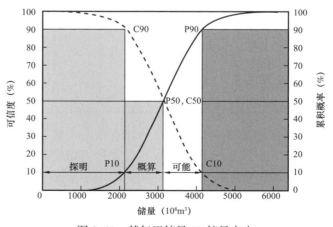

图 2-11　某气田储量 3P 储量大小

表 2-4　某气田开发 P10、P50、P90 概率下布井方案

指　标	不同概率下开发指标		
	P10	P50	P90
开发区面积（km²）	55.17	70.38	89.75
可采储量（10^8m³）	136.5	278.6	470.6
最大产量（10^4m³/d）	147	195	225
开发井数（口）	8	10	18

二、气藏地质风险

气藏地质风险是指决定天然气资源开发难易程度的所有客观风险。由于资源埋藏于地下，无法获得直观的认识，只能通过地震、钻井、测井、试井等手段间接认识，受地质资料限制，解释存在不确定性。由于地质参数不确定，使得地质模型也存在不确定性，在不确定的地质模型上预测的开发指标同样存在不确定性，即风险客观存在。有的气田由于对地质风险认识不足，其开发指标预测与实际执行结果存在较大偏差，需要在开发过程中不断调整（表 2-5）。

表 2-5　某气田开发方案调整情况

某气田历次方案对比	开发方案	实施方案	整体框架方案	产能扩建方案
编制时间	1998—1999 年	2003 年	2008 年	2009 年
动用储量（10^8m³）	492.22	990.61	990.61	990.6
产能规模（10^8m³/a）	13	25	32	36.5
稳定产期（a）	17	16	5	6
稳定期末采出程度（%）	45	43	26	28
单井产量（10^4m³/d）	6.5	6.5	2.5	2.5

对于任何一类气藏开发，都存在着大量的不确定性问题，对气藏地质模型的认识和建立过程需要技术人员在面对大量不确定性和风险时能做出最好的决策。总结以往的开发经验，气藏地质风险主要有水侵（水体大小、活跃程度、驱动类型、气水层识别）、储层非均质性、有效渗流能力（基质物性、储层裂缝发育程度、可动水饱和度）、非烃气体含量（凝析油含量、二氧化碳和硫化氢含量）及应力敏感程度等。其中，水侵和储层非均质性是最为常见的风险，下面重点论述这两项风险。

1. 气藏水侵风险

气藏发生水侵主要与下列因素有关：水体活跃程度、裂缝发育程度、纵横向渗透率

差异、采气速度及射孔层段等。通常，水侵容易发生在具有双孔隙系统或者活跃水驱的气藏中，过高的单井产量和射孔层位太接近气水界面是引起早期水侵的两个重要因素。特别是碳酸盐岩裂缝性边水气藏、碎屑岩底水气藏，裂缝发育认识不到位，水体能量评估不准确，气藏开发过程中容易过早见水甚至水淹。

矿场经验表明，水侵是引起气井产量递减快、气藏采收率低的主要原因。如四川盆地威远气田、加拿大海狸河（Beaver River）和卡布南（Kaybob South）、意大利马拉萨（Malassa）等双重介质水驱气田，开发初期由于没有意识到水的活跃程度，开发措施不到位，造成气井过早出水，严重影响了开发效果。以加拿大海狸河气田为例[62, 63]，该气田的底水非常活跃，天然气主要产自裂缝性致密白云岩储层，开发初期生产井 10 口，高峰日产气量 $22 \times 10^8 m^3$，单井配产 $110 \times 10^4 m^3/d$，为无阻流量的 46%，由于射孔层位接近气水界面，且单井配产高，整个气田很快就产水，产气量也迅速降低，6 个月后 C-1 井和 A-5 井两口井的压力、产量下降并开始产水；1973 年 6 月，全气田水侵，此时开始限制气井产气量，但产水量持续增加；1976 年底，仅有一口井以 $30 \times 10^4 m^3/d$ 的产量生产；1978 年，气田废弃，累计产天然气 $450 \times 10^8 m^3$（图 2-12）。2003 年在 A-5 井上开窗侧钻，预计产量（75～150）$\times 10^4 m^3/d$，实际产量仅为 $9 \times 10^4 m^3/d$，投产即见水，表明气田已经全部水淹。气水比和产量监测分析、停产井重新完井和计算机模拟都表明：沿着裂缝水侵是引起产水的主要原因，进而造成气田无法生产而废弃。

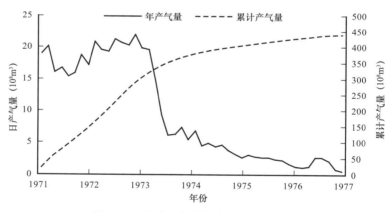

图 2-12　加拿大海狸河气田的生产历史

水侵影响产量表现在两方面：第一，水侵会阻碍天然气的流动路径，当气水两相在多孔介质中流动时，水是润湿相，气是非润湿相，水呈连续流动，气则是断续流动；第二，水的前缘不规则移动会引起含气地区的闭塞，形成水封气的不利局面，发生严重的水淹，极大地降低气藏采收率。

对水体活跃程度的评价手段有两种，即钻监测井直接观察和根据生产动态间接分析。钻监测井是指部署一定数量的井直接钻穿边水或底水，通过直观观察边水、底水运动规律，分析水的活跃程度。这种方法对于监测评估水体活跃程度、评估气藏驱动类型最有效最直接，但是由于成本较高，很多气田开发并没有部署水层监测井。另一种方式是通过观察累计产量和气藏地层压力变化，分析水体活跃程度，一般在气藏采出程度超过

10%时，水驱气藏压降曲线会上翘。这种方法经济有效，但是对于水体特别活跃的双重介质气藏，开发风险会更大。

2. 储层非均质性风险

储层非均质性指储层各种参数随其空间位置而变化的属性，包括储层层内非均质性、平面非均质性和层间非均质性。由于非均质性影响，储层不同部位储量品质有差异。气田开发初期气井常常部署在优质储层部位，气井产能非常高，但是当气田投入正式开发后，且随开发井数的增加，一般储量品位都会有所下降，在开发早期进行产量规划时常常忽略这一点，早期设计对储层评估往往偏乐观，导致气井的规划产量指标偏高，实际的开发效果不如预期。例如，靖边气田、涩北气田纵向上分布多套储层，层间非均质性强，给开发带来很大风险；四川盆地广安、合川、安岳等气田须家河组气藏平面非均质性程度严重，气田规模有效开发难度大。

广安须六气藏储层物性差、非均质性强、含水饱和度高、变化大，导致单井控制动态储量差异大：最大为 $5.4×10^8m^3$，最小不足 $0.1×10^8m^3$，平均值为 $0.73×10^8m^3$。根据气藏开发方案设计，Ⅰ类区的开发井网已基本完善，所控制的地质储量应达到 $151.3×10^8m^3$，但实际生产动态数据计算的动储量只有 $42.6×10^8m^3$，动静比仅为28%；由于Ⅱ类区、Ⅲ类区的井控程度低，因此初步估算的动态储量更小，只有 $3.6×10^8m^3$。根据已投产气井的产量递减规律，在不新增开发井的情况下，预计广安气田的最终累计产气量只有 $32×10^8m^3$，仅为设计控制地质储量的20%，开发效果非常差。

地质规律认识存在不确定性是客观事实，国外油公司编制气田开发方案时十分重视客观风险研究，方案指标根据气藏地质的不确定性采用弹性指标。如壳牌公司在编制克拉2气田的开发方案时，重点评价了水体大小、渗透率和表皮系数、相对渗透率（残余气饱和度）、断层封闭性及气藏构造分割的不确定性、完井过程中的防砂性、垂向连通性、应力敏感的风险等；雪佛龙公司在编制川东北高含硫气田开发方案时，重点评价了储量规模（连通性、气水界面、构造类型、储量分类）、气井产能（气井初期产量、递减模式、累计产气量）、水体能量（水体大小、活跃程度、影响大小）、压力敏感（深层高压、低渗透—致密）、层间和层内非均质性（渗透率等参数变化）、应力敏感程度等风险。在系统的风险分析基础上，根据不同的风险情景，给出相应方案的开发指标。

三、规划部署风险

规划部署风险主要是开发节奏、开发工作量和投资是否满足生产需求的风险。恶劣的地理环境、储量的不确定、钻井成本的变化、钻完井技术水平和队伍素质的风险直接影响产能建设进度等规划部署的完成情况。这方面的例子很多。如，塔里木克拉2气田开发建设中，由于进口管材不能及时到位和地面处理厂爆炸事故影响，加上井深、钻井周期长、钻井难度大，2005年产能建设未能及时完成规划指标，剩余产能安排跨年实施配套；又如长庆靖边气田由于单井产量降低，投资不足，2005年配套产能没有完成，规划产能 $8.0×10^8m^3$，实际完成产能 $4.8×10^8m^3$，仅完成规划的60%；再如2005年大庆徐深气田规划新建产能 $10.2×10^8m^3$，实际完成配套产能 $4.7×10^8m^3$，完成规划的46%，主要原因是钻井、试气队伍不足，施工延误。

但是，工作量的投入对规划目标的实现是一把双刃剑。增加工作量投入能够在更大程度上确保产量目标的实现，但也使投资规模增加、开发效益降低。反过来，减少工作量投入能够降低投资规模，但是如果造成气井配产过高，影响气井正常生产，则又会给气田的科学开发带来巨大风险。

在实际生产运行中，特别是在供不应求和冬季用气高峰期，为保证安全平稳供气，常常会打破气田的正常生产规律，导致气田开发效果变差。如，四川盆地邛西气田于2002年发现并投入试采，3年内完成了气田评价、储量计算与产能建设，2005年产气规模达到$120×10^4m^3/d$，并上报探明地质储量$152.68×10^8m^3$。为缓解西南地区因川东北高含硫气田群推迟开发导致的供气压力，邛西气田投产后产量不断提高，2006年3月达到了$170×10^4m^3/d$，从而诱发地层水沿裂缝过早侵入，气田产量快速下降，2007年产水量已升至$600m^3/d$，生产规模已降至$60×10^4m^3/d$以下；2010年产水$820m^3/d$，生产规模只有$20×10^4m^3/d$，总体开发效果较差。

四、技术水平风险

技术水平风险主要指针对不同类型气藏所采取开发手段有效性的风险，包含现有开发技术及未来可能形成的新技术。技术是一个企业发展核心价值的体现，技术进步是天然气发展的驱动力，技术决定了资源潜力及可挖掘程度，技术很大程度上影响了成本与经济效益。

随着油气资源勘探开发难度及风险越来越大，各大石油公司为了更好地参与世界油气资源的竞争，都设置了专门的研发机构，投入大量的资金，研发世界领先的技术，争先占领各类油气藏勘探开发技术制高点（表2-6）。

表2-6 国外大型石油公司技术研发情况

公司		研发中心	分布	主要技术
国际石油公司	埃克森美孚	一家	美国休斯敦	三维地震勘探技术、深水（2000m以上）勘探和生产技术、钻水平井工艺、油藏精细描述技术
	壳牌	三家	荷兰康宁克里克、美国休斯敦、加拿大卡尔加里	油气资源勘探开发、天然气发电、再生能源、LNG技术、深海技术
	道达尔	六个研发中心	法国4个，美国1个，日本1个	
	BP	五家	英国2家，美国3家	非常规勘探开发技术、优化决策技术
国家石油公司	挪威国家石油	上下游研发中心三家	挪威	深海钻完井技术
	巴西国家石油	一家	巴西	深水采油技术

续表

公司		研发中心	分布	主要技术
油田服务公司	斯伦贝谢	五家研发中心	美国、英国、挪威、俄罗斯、沙特各一家	地球物理技术
	哈里伯顿	八家研究中心	大部分设在美国	储层改造技术

自从油气工业进入现代化以来，技术进步在油气生产中始终扮演着极其重要的角色[64]，如美国页岩气，技术进步推动了产量持续增长和稳定生产。以费耶特维尔、马塞勒斯、海恩斯维尔 3 个新页岩气田为例，在大量减少钻机数量（降低成本）的前提下，其钻井效率与产量关系趋势相同（图 2-13），2007 年以来，新的页岩气田通过应用先期开发的巴内特气田形成的成熟技术，减少了钻机安装时间与停钻时间，钻机效率提高，产量持续上升（图 2-14）。

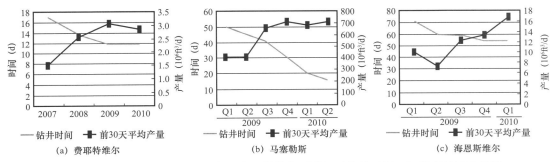

图 2-13　费耶特维尔、马塞勒斯、海恩斯维尔页岩气田钻井时间、初期产量历史趋势

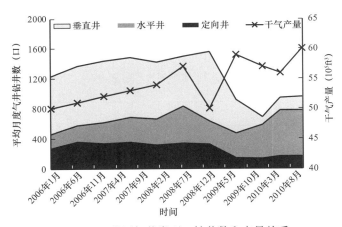

图 2-14　美国气井类型、钻井数和产量关系

天然气勘探开发对象的日趋复杂，需要研发新的技术，然而技术研发是一个缓慢的过程，遵循一定的周期。新技术的培养周期相对较长，有研究指出一项全新技术从概念提出到规模化生产应用需要 15～25 年[65]（图 2-15）。而编制开发规划方案时，由于对新技术的不够了解，常常会高估或低估了技术进步的潜力，这就是技术风险所在。

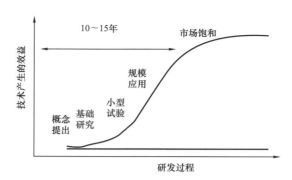

图 2-15　典型技术研发过程示意图

五、经济效益风险

对于天然气中长期开发规划方案来说，技术上可行的方案，经济上未必是最好的。要保证方案的经济可行，经济效益指标必须达到或高于行业基准的要求，如投资回收期、内部收益率、财务净现值、投资利润率等主要指标也必须满足行业标准的要求。然而，在经济评价过程中，存在众多的不确定因素，这些不确定因素必将导致规划存在经济风险。例如，中国石油在"九五"期间的实际天然气总投资、钻井投资和地面投资分别是规划的 174%、78% 和 356%。钻井投资没到规划指标是因为钻井井数和钻井进尺只完成规划指标的 63% 和 62%；总投资超出规划的主要原因是地面建设投资规划指标偏低；"九五"期间，长庆、西南、大庆、辽河、新疆等油田分公司进行了大量的地面建设工作。

天然气经济评价参数存在不确定性，影响天然气开发经济效益的主要因素有销售价格、经营成本、建设投资和折现率等。

天然气销售价格是影响效益最敏感的因素之一，而国内天然气价格由政府部门制订，规划编制基于政府定价考虑单一价格，由于开发规划跨度时间长，评价期内天然气价格常常出现波动，价格的不确定性非常大，因此需要对未来天然气的价格进行科学预测。在国外，油气企业把经济效益作为天然气开发最核心的指标，把天然气价格视作最主要的风险因素，不断对天然气价格趋势进行预测[66]（图 2-16）。

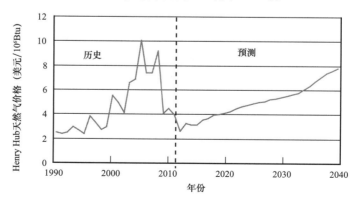

图 2-16　美国天然气价格预测图

降低或控制成本已成为各油气企业的重要任务。经营成本的增加，可分为内在因素和外在因素。内在因素大多是为减缓油气田产量自然递减而产生的各种措施费用，如排水采气、增压输送及修井等工艺技术措施，带来材料、动力等费用的增加。外在因素则是由于宏观经济因素，如通货膨胀等引起的原材料价格上涨。因此，经济评价应考虑经营成本的浮动变化效应，根据各油气田经营成本历史数据和通货膨胀率估算出经营成本的变化幅度及其可能性。

建设投资包括固定资产投资、无形投资、递延资产和预备费，建设投资估算的范围包括勘探工程投资、开发工程投资，根据气藏工程、采气工程和地面工程提供的工程量进行投资测算。近年来，天然气开发以渗透率低、品位差的储量为主，开发成本普遍较高，不仅加大了投资水平，还增加了投资估算的不确定性。

六、管道市场风险

上游、中游、下游一体化是天然气工业最显著的特点，气田生产—输送管网—储气库—用户是一个庞大的体系，相互关联，缺一不可。天然气开发规划安排要考虑上游、中游、下游协调与可持续发展，下游市场需求和中游管道约束会限制天然气开发生产规模。

通常的做法是综合考虑产量潜力、管输能力、用户需求，三者相比取其小。一般有以下三种模式：市场需求低于产量潜力时的以销定产模式、产量潜力低于市场需求时的以产定销模式、管道输送能力低于产量潜力和市场需求时的管道限制产销量模式（图2-17）。

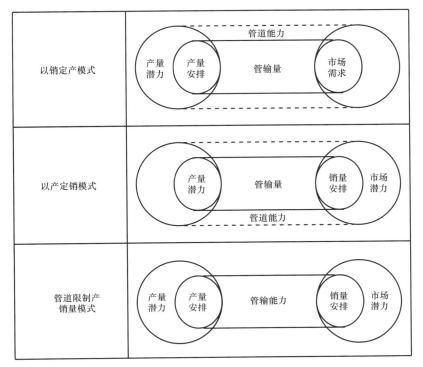

图2-17　管道市场约束对天然气生产模式的影响

管输能力和市场需求的约束，也会增加气田开发的不确定性。在管输能力限制方面，如"十五"期间青海油田规划生产天然气 $90.5×10^8m^3$，但由于原规划的涩—宁—兰管线与西气东输管道的联络线（兰州—干塘输气管线）未按时建成，青海油田 2004 年、2005 年规划每年外供 $10×10^8m^3$ 的气量的目标未能实现，导致实际产量仅完成规划指标的 79.5%。在市场需求风险方面，如华北油田"九五"期间实际生产天然气 $17.7×10^8m^3$，完成规划指标 $18.9×10^8m^3$ 的 93.8%，主要原因是受下游用户的影响，原规划向北京供气 $40×10^4m^3/d$，但由于 1997 年陕京线建成投产并开始向北京供气，市场限制了华北天然气的销售，实际供气量只有 $26×10^4m^3/d$。

七、宏观政策风险

政策风险主要是指天然气勘探开发、输送及消费利用方面等的政策所造成的影响，如法律法规的改变、金融环境的变化都会对天然气产业造成积极或消极的影响。

天然气的供应受到政策的影响，政策的初衷是保护健康安全环保的前提下，最大、最优地开发资源，实现资源的高效科学开发，保障资源的安全平稳供应等。以美国为例，在 20 世纪 80 年代以前，美国政府的监管方式经历过多次反复，也曾引起过天然气发展的混乱。1978—1985 年，美国政府决定取消价格管制，出台了《天然气政策法（Natural Gas Policy Act，NGPA）》。1986 年以后，天然气市场及监管都运作得比较成功。其特点是：取消了对井口价格的监管；对管输公司的职责进行了修正，将其纳入公共服务范畴，只允许其提供管输和存储服务，不得再从事上游购气然后销售。为防止市场价格被人操纵，美国政府对天然气市场现货、期货价格进行不间断地监督，并颁布了联邦 637 号令、644 号令，以保证价格的公开、透明和不受操纵。通过不断调整宏观政策，调节天然气价格，间接控制了钻井活动，保障了天然气生产的持续健康发展[67]（图 2-18、图 2-19）。美国的致密砂岩气、煤层气及页岩气能够规模开发也得益于政策的支持。

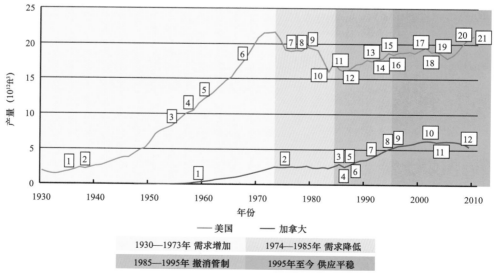

图 2-18　美国天然气开发政策阶段划分与天然气生产

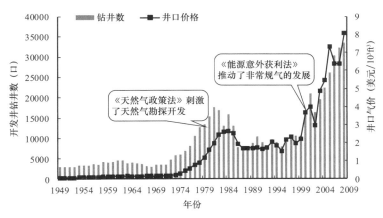

图 2-19　美国政府激励政策与价格对钻井活动的影响

当然，也有一些政策的出台将会增加天然气开发的难度，如较高的环保要求将增加气田开发生产过程中的环境保护成本，有的气田甚至无法开发等。作为油气生产企业，当然要严格遵守国家和当地政府的有关法律法规，要把气田开发建设与生态文明建设有机结合，实现绿色生产。因此，在确定天然气发展目标，编制天然气开发规划方案时，要充分考虑宏观政策对天然气开发的双重影响，系统分析政策带来的风险。

八、风险分类小结

综合以上分析，七类风险因素中资源规模风险、气藏地质风险为客观风险，规划部署、技术水平、经济效益、管道市场需求和能源政策风险为决策类风险，客观风险是规划风险的内部因素，决策风险是规划风险的外部因素。

客观风险只能认识不能改变，也就是说任何一个气藏其地质条件是特定的，不可能根据人的主观意志转变，人们所能做的是不断加深认识，逐渐趋于客观真实情况。

决策风险既能认识又能改变。也就是说，决策风险的根源主要来源于人的主观能动性，人们根据对事物发展客观规律的准确认识，做出正确决策，可以改变开发被动局面，提升天然气开发效果。

例如，通过优化规划部署，能够提高开发效果。四川盆地中坝气田于 1973 年投入试采，1978 年编制开发方案，设计日产气 $170×10^4m^3$，后由于多口气井见水，产气量下降快，1981 年调整至 $60×10^4m^3/d$ 生产，产水量减少，气田开发取得了较好的效果。

再如，通过提升技术水平，提升气藏开发效果。技术进步促进天然气业务的快速发展，海上、极地、非常规气等勘探领域的开发技术不断挑战极限，拓展了资源领域。海上勘探开发技术进步使水深已从 1980 年前的不足 50m 发展到目前的 3000m 水深，天然气产量从 1995 年的 $0.55×10^{12}m^3$，2005 年增加到 $1.08×10^{12}m^3$，预计 2030 年将超过 $2.00×10^{12}m^3$。

又如，通过政策调整，增加资源开发规模。特别是针对非常规资源的刺激政策实现了致密气、煤层气和页岩气等的规模经济开发，据康菲预测，初期非常规气的开发有 30% 的利润来自政策支持，美国非常规资源的开发很大程度上得益于政府的优惠政策，政府政策促成了低效气藏的规模开发。

第三章 天然气开发规划风险量化
评价模型与流程

一个完整的风险量化评价工作一般包含系统分析风险因素、优选数学方法、确定风险量化评价目标、建立评价模型。前已详细论述了天然气开发规划的七类主要风险因素，本章将重点对后三项内容展开研究。

第一节 风险评价数学方法优选

天然气开发规划研究覆盖面广、评价周期长、风险因素多，不同的因素之间关系复杂，风险因素既有定量指标（如资源规模），又有定性指标（如技术水平），这些特点决定了天然气开发规划方案风险评价过程必定十分复杂。筛选天然气开发规划风险评价的最佳数学方法，必须结合各种数学方法的特点和天然气开发规划的特殊性。

风险评价方法大体可以划分为定性、定量及定性与定量相结合（半定量）三类（表 3-1）。

表 3-1 风险评价方法统计表

风险评价	定性	→	头脑风暴法、情景分析法等	
	半定量	→	定量与定性相结合	
	定量	→	四类 30 种定量方法	常用 5 种
			① 直观类：影响图、风险矩阵、决策树、故障树、失效 / 故障模式、安全工作分析、对照表法、危害和可操作性研究、结构可靠性和风险评估、控制区间记忆模型、影响和评价分析，综合应急评审与响应技术、风险评审技术、预危险性分析 ② 模拟类：随机网络法、蒙特卡洛模拟法（MC）、计算机仿真法、智能化评价法、数据挖掘法、数据包络法、贝叶斯法 ③ 综合类：模糊数学法、灰色评价法、层次分析法 ④ 其他类：专家调查法、类比法、效用理论、敏感性分析、投资组合优化法（Portfolio）	专家调查法 树型分析法 模糊数学法 蒙特卡洛模拟法 投资组合优化法 （Portfolio）

定性分析方法，如头脑风暴法、情景分析法等；定量分析方法，如蒙特卡洛法、决策树法、三级风险等级估计、主观概率法、期望值法、风险调整贴现率法等；定量与定性相结合方法，如层次分析法、故障树分析法、事件树分析法、模糊数学法、灰色系统法、人工神经网络法。

定量化评价方法有几十种，按评价特点可以归为四类：（1）直观类，如影响图、风险矩阵、决策树、故障树、对照表法；（2）模拟类：如随机网络法、蒙特卡洛模拟法（MC）、计算机仿真法、数据挖掘法、数据包络法、贝叶斯法；（3）综合类，如模糊数学法、灰色评价法、层次分析法；（4）其他类，专家调查评分法、类比法、效用理论、敏感性分析、投资组合优化法（Portfolio）。其中较常用的方法有五种，即专家调查法、树型分析法、模糊数学法、蒙特卡洛模拟方法和投资组合优化法。针对天然气开发规划风险特点，对以上五种方法进行分析和论述。

一、专家调查法

专家调查法以专家为索取信息的重要对象，各领域的专家运用专业方面的理论和丰富的实践经验，找出各种潜在的风险并对其后果做出分析与估计。常用的专家调查法有专家个人判断法、智暴法（专家一起讨论）和德尔菲法（专家匿名讨论）。专家调查法主要是用来筛选风险指标并通过专家打分评价风险。

例如，设某一个风险评价问题有 n 个风险因素，我们请 m 个专家对所有风险因素进行打分，并规定指标高风险时赋值为5，中等风险赋值为4，较小风险、风险很小和无风险分别赋值为3、2、1，并形成专家打分表（表3-2）；然后根据每位专家对所有指标的风险打分值求和确定专家对该项目的总体风险评价；最后对所有专家综合评分求和，并最终确定该项目的总体风险。综合分数越大，风险越大；综合分数越小，风险越小。

表 3-2　专家调查法案例

打分值	专家 1	专家 2	…	专家 m	指标综合分
指标 1	5	4	…	3	$R_{1m}=R$（$r_{11},r_{21},\cdots,r_{m1}$）
指标 2	3	2	…	3	$R_{1m}=R$（$r_{12},r_{22},\cdots,r_{m2}$）
指标 n	2	1	…	2	
综合分	$R_{1m}=R$（$r_{11},r_{12},\cdots,r_{1n}$）	…	…	…	$F=F$（$R_{11},R_{12},\cdots,R_{mn}$）

该方法的缺点是易受心理因素影响，主观因素影响大，评价结果的精度不够。优点是能够充分发挥专家经验的作用，在缺乏足够统计数据和原始资料的情况下，仍然可以做出定量化评估，并且可以量化定性指标。在下列几种典型情况下，利用专家的知识和经验是有效的，也是唯一可选方法：数据缺乏、新技术评估、非技术因素起主要作用、决策涉及的相关因素（技术、政治、经济、环境、心理、文化传统等）过多。

二、树型分析法

树型分析法是一种研究结果和原因之间逻辑关系的方法，遵循逻辑学的演绎分析原则，即仿照树型结构，将多种风险画成树型，进行多种可能性分析。根据结果和原因分析方向，可以将树型分析方法分为三类，即由原因到结果的事件树分析方法（Event Tree Analysis，ETA）、由结果到原因的故障树分析方法（Fault Tree Analysis，FTA）和双向进行方法。

以事件树为例，该方法是从一个初因事件开始，按照事故发生过程中事件出现和不出现，交替考虑成功与失败两种可能性，然后再把这两种可能性又分别作为新的初因事件进行分析，直到分析出最后结果为止（图3-1）。在进行定量分析时，各事件都要按条件概率来考虑，即后一事件是在前一事件出现的情况下出现的条件概率。其过程如图3-1所示：（1）明确初始事件一；（2）根据资料和经验估计可能存在的状态（如R_1、R_2）；（3）估计每种状态发生的概率（A_1、A_2）；（4）依次类推，根据资料和经验估计可能存在的次一级状态，估算概率，并估算最末端可能带来的结果（R_{11}、R_{12}、R_{21}、R_{22}）；（5）加权求出综合值 $S=A_1\times\sum B_{1j}R_{1j}+A_2\times\sum B_{2j}R_{2j}$，并根据综合值评估风险大小。

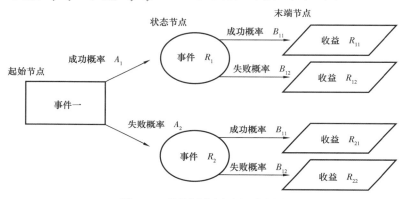

图3-1　事件树分析过程示意图

该方法优点是能够看到事故发生的动态发展过程，物理意义明确，容易理解，缺点是必须能够预知可能存在的各种状态，并对每种状态的概率做出准确估算。

三、模糊数学法

模糊数学法是将风险分析中的模糊语言指标用隶属函数进行量化，同时引进指标的重要程度（权重），对方案的风险性进行综合评价。

主要步骤如下：（1）确定模糊综合评价指标集 $U=(u_1,u_2,...,u_i)$，即主要有哪些风险因素；对指标进行等级划分，建立评语集 $V=(v_1,v_2,...,v_j)$，即建立每一类风险因素的风险划分标准；（2）确定指标权重 $\varpi=(\omega_1,\omega_2,...,\omega_i)$，$\sum_{i=1}^{I}\omega_i=1$；（3）确定隶属度函数，计算 U 对 V 的隶属度矩阵 R_{ij}，即计算每一类风险因素的风险大小；（4）选择模糊计算模型 $P=\omega\times R$，计算模型综合评价值，即计算综合风险；（5）根据最大隶属度标准对评价结果进行判断。

该方法优点是不涉及大量的计算，计算过程简单，对于既非"绝对是"（用1表示）也非"绝对否"（用0表示）的处于0～1中间状态的事件，能够有效地进行量化；缺点是在确定指标权重时存在人为因素，评价结果的精度不够。

四、蒙特卡洛模拟法

蒙特卡洛模拟法是通过对随机变量的统计、试验、模拟，求解数学、物理、工程技术问题近似解的数学方法，也称随机模拟法。当对未来情况不能唯一确定，只知道风险因素符合一定概率分布规律时，可以用一个随机数发生器来产生具有相同概率的数值，综合所有风险因素可能情况，计算出未来可能发生的所有可能情况，并用分布函数表示，用这个分布函数去标定事件的风险，这种方法就是蒙特卡洛模拟法。

计算步骤：（1）确定评价目标（如容器体积）；（2）识别风险变量（如长、宽、高）；（3）估算风险变量的概率分布（如正态分布、三角分布、离散分布）；（4）建立数学模型（体积＝长×宽×高）；（5）产生风险变量的随机数，计算评价目标；（6）重复抽值，产生所有可能结果，统计评价目标概率分布（图3-2）。

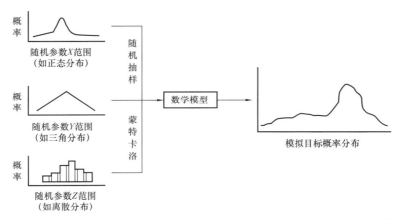

图3-2 蒙特卡洛模拟原理示意图（如体积模拟，X、Y、Z分别代表长宽高）

该方法的优点是以计算机为手段，通过大量随机模拟计算，描述评价目标所有可能情景，据此考察风险大小；缺点是模拟工作量非常大，因而必须借助计算机，需要进行大量调查研究，从而确定风险因素的概率分布规律。

五、投资组合优化法（Portfolio）

投资组合优化法解决的问题是选择在满足诸多约束条件时实现目标最大化的最优项目组合。其原理可以形象地描述为多目标的0～1背包问题，若干项物品组成物品集合，每项物品都有其重量和效益值，而且背包具有容量上限，通过一定的方法从物品集合中选择适当的物品子集，使得所选物品效益总值最大化，同时重量总和不超过背包容量上限。

以收益—风险目标优化为例，该方法主要评价步骤为：（1）建立目标函数，包括收益函数（净现值）和风险函数（组合的净现值半标准差）；（2）建立约束条件函数（例如最低收益水平、最高投资额度、最低生产要求等）；（3）列出所有备选方案（包括每套方案收益值、风险值、约束指标值）；（4）形成备选方案组合集合，计算集合的综合效益；（5）选择最优方案组合。

该方法优点是能够对多套方案进行最优组合优选，缺点是必须要有明确的目标函数和约束函数，难于处理不容易量化的问题。

比较以上五种方法，蒙特卡洛模拟法在精细风险评价中占统治性地位，它的应用条件是"假设未来与过去具有相同的统计规律"，在此前提下，通过对历史数据的统计规律预测未来可能情况。专家打分和模糊数学法与蒙特卡洛模拟法不同，它们更多的是依靠人来总结事物规律、划分风险等级标准、评价判断风险大小。树型分析方法并不算独立的一种方法，它常常与蒙特卡洛模拟法同时使用，进行方案决策。投资组合优化方法主要应用于筛选多方案最优化组合，而每套方案是相对确定或无风险的，也就是说该方法不对底层风险进行分析，而是转为对确定问题（方案）的组合风险研究。

总体而言，从优缺点考虑可将五种方法分为两类：（1）A类计算过程简单，但指标量化时人为影响大，争议多，例如模糊数学法；使用这些评价方法的人群主要是具备一定的风险评价经验，了解规划方案宏观运行数据，但又没有掌握特别具体资料的研究人员，如院校学者、政府附属机构的研究人员；（2）B类计算过程复杂，需要较多数据，但方法物理意义明确，能直接回答实现目标的概率，便于接受，如蒙特卡洛方法；适用的评价人群需要对规划方案制订的全过程有比较系统的了解，掌握大量的基础资料，如规划方案的编制人员和管理人员（表3-3）。

表3-3　五种主要风险量化评价数学方法对比

	评价方法	计算机化程度	理论基础	使用条件或难点	优点	缺点
A类	专家调查法	非程序化	经验	①专家对指标的打分值；②指标的重要程度	方法简单，能发挥经验的优势，专家越多，效果越好；在处理难量化指标时有独特的优势	人的主观情绪影响大，评价结果的精度低
	树型分析法	非程序化	全概率原理	①节点的概率大小；②节点的影响大小	原理清楚，操作简单	节点的概率和影响大小直接决定了评价结果的好坏，因此对这两个数值的大小要求很高
	模糊数学法	非程序化	模糊理论	①指标的等级标准；②指标的重要程度	大幅提高了打分法精度，对指标的评价值进行了严格的计算	当评价指标之间相互影响时，权重的分配存在困难
B类	蒙特卡洛模拟法	程序化	统计数学随机函数	①指标的概率分布；②确定数学模型	极大地避免了人为因素的影响，程序化的方法能够实现大量的计算	需要确定评价的目标模型
	投资组合优化法	程序化	最优化理论	①约束条件；②评价目的—风险指标	实际上它是一种综合的方法，风险只是方案优选的一个指标	必须给出风险的大小；方案多时，如何提高计算速度

天然气开发规划是一个庞大的系统，它由许多小的评价单元构成，只有在对每个评价单元分析了解的基础上才能对整个规划项目进行客观、准确、全面的评价，天然气开发规划的风险评价不可避免地要处理大量数据，因此最终选择蒙特卡洛模拟法作为风险量化数学方法。

第二节　量化目标评价函数及模拟流程

单一气田开发追求的目标包括最大的净现值、稳定的产量、早期的收益、环保安全、方案的灵活性等，一般而言，经济效益最大化是首要目标。而天然气开发规划涉及面广、影响力大，除了追求最大化的开发经济效益，还需要保证资源的长期稳定供应，产量与经济效益共同组成天然气开发规划"风险量化目标"，天然气开发规划方案风险量化的任务就是评价实现规划产量目标和效益目标的关键风险点，以便提前部署规避风险措施，尽可能实现规划目标。

为了定量化评价产量和效益的风险，必须建立产量和效益的量化函数，即以明确的逻辑或数学语言阐明构建"风险量化目标"与"风险量化指标"之间的内在关系。

由于储量是产量和效益评价的基础，所以对储量的不确定性评价非常必要。

一、储量概率模拟方法

（一）模拟计算原理

在所有的风险量化指标中，储量规模是最为关键的一个参数，它既是天然气开发战略规划制订的物质基础，又是计算产量、效益的最基本元素。

天然气开发规划构成单元多，且所处开发阶段不同，针对不同评价单元的评价方法也有差异，必须筛选建立适用于不同天然气开发规划单元的储量不确定性评价方法。对于储量的不确定性评价，依据不同开发阶段，分以下三种情况开展储量概率模拟。

一是已探明储量规模的不确定性。在基础资料允许的情况下常采用容积法计算储量规模概率：

$$N = Ah\phi S_g / Z \tag{3-1}$$

式中　A——气藏面积，km^2；

h——气藏有效厚度，m；

ϕ——孔隙度；

S_g——含气饱和度；

Z——气体体积系数。

二是近期内（一般 1～3 年）待发现气田储量的模拟。待发现储量以控制和预测储量转化为主，此时储量规模的预测方法考虑资源转化率函数。

$$N = N' \times \alpha \tag{3-2}$$

式中　N'——控制 / 预测储量规模；

α——控制／预测储量向探明储量的转化率。

三是中远期（3年以上）待发现气田储量的模拟。对中远期天然气储量变化过程的认识是天然气开发规划研究的一个重要组成部分[68-71]。目前，预测方法主要有类比法[72]、油气藏工程法[73-75]、生命模型法[76-83]（如哈伯特方法）、功能模拟法[84-86]（如灰色系统方法）和间接预测法五类[87]。五类预测方法的特点和适用条件不尽相同：中低勘探程度盆地一般采用类比法，中高勘探程度盆地则采用其余方法；在气田层面一般采用气藏工程法，在气区、油公司和国家级层面则更多地使用生命模型法、功能模拟法；功能模拟法在短期预测时具有较高的精度，中长期预测采用生命模型法能够全面考虑储产量的影响因素；前四类方法为直接预测方法，而间接预测方法着眼于天然气开发的外部因素，通过预测市场需求反推产量，进而测算需要的新增储量。

一般而言，中远期开发规划方案编制时，勘探目标并不十分明确，此时需要一定的科学手段预测未来新增储量规模。为此，在总结已有方法优缺点的基础上，创建了灰色系统—哈伯特组合模型和神经网络—哈伯特组合模型两种预测未来新增储量的新方法。

1. 灰色系统—哈伯特组合模型

传统哈伯特模型应用于油气田储产量预测的函数表达式为

$$Q_t = \frac{Q_p}{1+ce^{-at}} \tag{3-3}$$

式中　Q_p——最终探明储量；

　　　Q_t——累计探明储量；

　　　t——勘探年限；

　　　a、c——模型参数对。

从函数表达式可见，主要有三个参数决定累计探明储量时间序列走向：最终探明储量、系数 a、系数 c。在较长一段时间内，最终探明储量是由资源量和探明程度决定，为一个相对常量，因此哈伯特模型真正需要确定的参数为参数对（a、c）。为了求解系数 a 和 c，首先将哈伯特函数两边求对数得到表达式 $\ln\left(\frac{Q_p}{Q_t}-1\right)=\ln c - at$，可以看出 $\ln\left(\frac{Q_p}{Q_t}-1\right)$ 和 t 满足线性函数；其次采用最小二乘法近似求解参数 $\ln c$ 和 $-a$ 的值，也就确定出了模型函数的参数值 a 和 c，从而确定某一评价区域的传统哈伯特模型。

灰色预测模型称为 GM 模型。GM（1，1）表示一阶的、一个变量的微分方程型预测模型。设有数列 $x^{(0)}$ 共有 n 个观测值（本书中 $x^{(0)}$ 为历年新增储量），对 $x^{(0)}$ 做累加生成得到新的数列 $x^{(1)}$，数列 $x^{(1)}$ 已经具有了指数变化规律，倘若原始数据序列的随机性过大，通过一次累加得到的时间序列尚不具有明显的指数变化规律，亦可进行第二次累加，经过一定次数的累加，理论上可以达到 100% 指数函数规律，于是可建立预测模型的白化形式方程：

$$\begin{cases} \dfrac{dx^{(1)}(t)}{dt} + ax^{(1)}(t) = u \\ x^{(1)}(t) = x^{(0)}(1) \end{cases} \tag{3-4}$$

此微分方程的解又称为时间相应:

$$x^{(1)}(t)=\left[x^{(1)}(1)-\frac{u}{a}\right]\mathrm{e}^{-at}+\frac{u}{a} \qquad (3-5)$$

其中，a 和 u 为模型系数，根据系数 a 和 u 可以预测未来储量变化趋势。

灰色系统和生命旋回模拟等传统的储产量预测方法都有各自的优缺点。一方面，灰色系统模型的优点是具有较好的拟合精度，缺点在于没有将天然气储量预测关键参数融入模型中，如资源量大小，无法描绘中长期储量增长的客观发展规律，因此它仅能在局部时间序列（短期）预测中有良好效果，不能有效应用于全局新增储量预测。另一方面，生命旋回数学模型的优点是能较好地反映天然气储量变化大致趋势，缺点是生命旋回数学模型对时间序列的规律性依赖较大，对于异常点较多的天然气储量时间序列而言，纯粹的生命旋回模型拟合误差较大，模型预测精度大打折扣。

为找寻最优的模型，将灰色系统引入到哈伯特模型中，进而创建了灰色系统—哈伯特预测方法。

灰色系统—哈伯特组合模型就是要优化参数对，其基本思想是将"参数对的一次性原始数据拟合"改为"参数对发展趋势拟合"。也就是，以往方法直接由原始数据拟合出原始数据的发展趋势，而改进的方法在于找寻参数发展的趋势，根据参数发展的趋势再确定原始时间序列发展趋势。

具体方法为：根据原始数据时间序列 $\{(Q_t^1,Q_p^1),(Q_t^2,Q_p^2),\cdots,(Q_t^n,Q_p^n)\}$，由哈伯特模型及最小二乘法，可以得到哈伯特模型参数对序列：$A=\{(a_1,c_1),(a_2,c_2),\cdots,(a_n,c_n)\}$。其中，$(a_i,c_i)$ 由时间序列 $\{(Q_t^1,Q_p^1),(Q_t^2,Q_p^2),\cdots,(Q_t^i,Q_p^i)\}$ 通过哈伯特模型得到。

对于参数对序列 A，可将其拆分为：$A_1=\{a_1,a_2,\cdots,a_i\}$ 和 $A_2=\{c_1,c_2,\cdots,c_i\}$。

根据灰色系统模型 GM（1，1），将 A_1、A_2 带入灰色系统模型，即可得到发展趋势参数对 (a_{n+1},c_{n+1})，即 (a,c)。将发展趋势参数对 (a_{n+1},c_{n+1}) 反代回哈伯特模型可得 $Q_t=\dfrac{Q_p}{1+c_{n+1}\mathrm{e}^{-a_{n+1}t}}$。

2. 神经网络—哈伯特组合模型

与灰色系统模型类似，由于单纯依赖时间序列，传统的神经网络方法尽管具有优秀的拟合能力，但难以引入油气田储产量考察中所必须考虑的因素——资源量。考虑取长补短，将神经网络方法与哈伯特模型相结合，运用神经网络来掌控哈伯特模型参数的变化规律。具体办法如下：

与灰色系统—哈伯特组合模型的预测方法类似，根据原始数据时间序列 $\{(Q_t^1,Q_p^1),(Q_t^2,Q_p^2),\cdots,(Q_t^n,Q_p^n)\}$，由哈伯特模型及最小二乘法，可以得到哈伯特模型参数对序列 $A=\{(a_1,c_1),(a_2,c_2),\cdots,(a_n,c_n)\}$。

其中 (a_i,c_i) 由时间序列 $\{(Q_t^1,Q_p^1),(Q_t^2,Q_p^2),\cdots,(Q_t^i,Q_p^i)\}$ 通过哈伯特模型得到。

对于参数对序列 A，可将其拆分为 $A_1=\{a_1,a_2,\cdots,a_i\}$ 和 $A_2=\{c_1,c_2,\cdots,c_i\}$。

根据神经网络"三层"BP 网络模型，将 A_1、A_2 带入神经网络预测模型，即可得到发展趋势神经网络模型预测参数对 (a_{n+1},c_{n+1})，即 (a,c)，计算原理如图 3-3 所示。

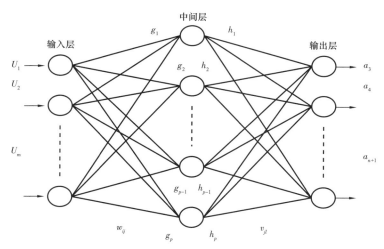

图 3-3　确定参数 a_{n+1} 神经网络结构图（c_{n+1} 确定的过程类似）

输入变量 $U(t)=[u_1(t),u_2(t),\cdots,u_n(t)]^T$ 包括工作量 $u_1(t)$，探井数 $u_2(t)$，投入成本 $u_3(t)$，年新增储量 $u_4(t)$。输出变量为 $A_1=\{a_1,a_2,\cdots,a_n,a_{n+1}\}$ 和 $A_2=\{c_1,c_2,\cdots,c_n,c_{n+1}\}$。将发展趋势参数对 (a_{n+1},c_{n+1}) 反代回哈伯特模型得到 $Q_t=\dfrac{Q_p}{1+c_{n+1}e^{-a_{n+1}t}}$。

灰色系统—哈伯特组合模型和神经网络—哈伯特组合模型对哈伯特模型中参数进行了调整，将传统模型中参数对的一次性原始数据拟合更改为参数对的发展趋势确定，既能发挥神经网络和灰色系统理论在局部时间序列（短期）预测精度高，对异常点较多的天然气储量时间序列的拟合误差小、预测精度高的优点，又能发挥生命旋回模型能够将资源量大小等天然气储量预测关键参数融入模型中的优势，从而可以描绘中长期储量增长的客观发展规律，有效应用于全局新增储量预测。总之，灰色系统—哈伯特组合模型和神经网络—哈伯特组合模型综合了传统生命模型和功能模型的共同优点，从而同时实现短期预测和长期预测高精度的目的。

（二）模拟计算流程

1. 容积法

容积法又称体积法，它是计算气田地质储量的基本方法，适用于气田勘探开发的各个阶段。气藏含气面积、储层有效厚度、有效孔隙度、含气饱和度和体积系数等储量评价参数的获取，应当充分利用地震、钻井、测井、测试的资料，在查明气藏类型、含气构造形态、储层厚度、岩性、物性变化、气水界面和含气边界的基础上，更加客观、准确地给出分布规律。

储量风险评价步骤如下：

（1）根据资料的有效性，分析储量评价参数的不确定性，给出各参数的概率分布。通常厚度取三角分布，有效孔隙度和含气饱和度取对数正态分布；

（2）根据储量评价参数概率分布曲线，随机抽取各参数，带入容积法函数计算储量大小；

（3）重复第（2）步，直至达到要求的随机模拟次数；

（4）统计随机模拟结果，评估储量风险。

计算流程如图 3-4 所示。

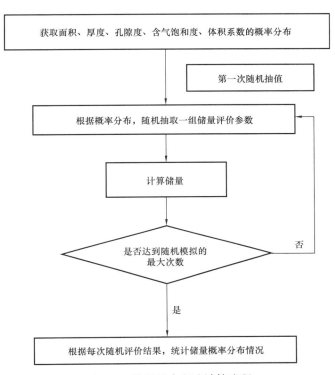

图 3-4　储量的容积法计算流程

2. 资源转化率法

探明储量与控制（或预测）储量的比值，即控制（或预测）储量转化率，利用转化率预测未来新增探明储量规模的方法称为资源转化率法。在天然气开发规划的第 1～3 年，新增储量主要来源于控制和预测储量，因而常用资源转化率方法。操作步骤（图 3-5）：

（1）调研规划区已探明气田的探明储量、探明之前上报控制或预测储量规模，测算资源转化率；

（2）根据规划区气田资源转化率，拟合资源转化率概率分布曲线，为新增储量预测做准备；

（3）统计当前控制和预测储量规模；

（4）基于资源转化率概率曲线，随机抽取资源转化率，利用资源转化函数，评估新增探明储量大小；

（5）重复第（4）步，直至达到要求的随机模拟次数；

（6）统计随机模拟结果，评估储量风险。

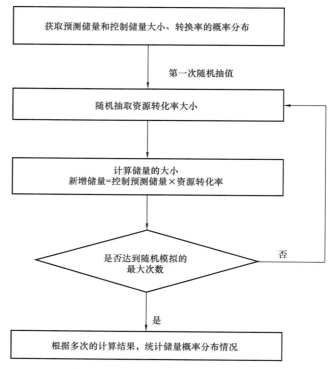

图 3-5 储量的资源转化率法计算流程

3. 投入产出法

投入产出法，顾名思义，是利用勘探投入规模（探井数、探井进尺或勘探资金投入）与新增探明储量之间的历史统计规律，预测未来勘探投入能够获取新增探明储量规模的方法。规划期内，新增探明储量规模既受资源禀赋条件的影响，又受技术和勘探投入的控制，没有一定的勘探投入和勘探技术手段的保障，不能实现资源量向探明储量的有效转化。

以探井数代表勘探投入，该方法操作步骤如下（图 3-6）：

（1）调研规划区已探明气田的探明储量、投入的勘探工作量、成功探井数，用成功探井数除以总探井数测算探井成功率，用探明储量除以成功探井数测算单位探井贡献率；

（2）统计探井成功率和单位探井贡献率，拟合概率分布曲线，为新增储量预测做准备；

（3）获取历年规划钻探的探井数；

（4）基于探井成功率和单位探井贡献率概率曲线，随机抽取探井成功率和单位探井贡献率；

（5）利用投入产出函数，评估新增探明储量；

（6）重复第（4）～（5）步，直至达到要求的随机模拟次数；

（7）统计随机模拟结果，评估储量风险。

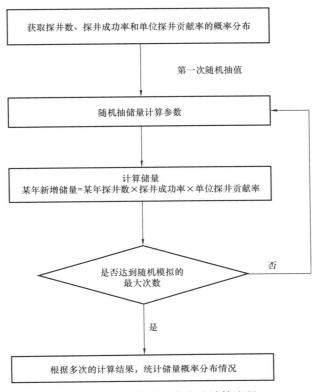

图 3-6　储量的投入产出法计算流程

4. 预测模型法

从长远看，新增储量规模取决于资源量，大量统计表明资源量向探明储量的转化过程符合一定的规律并可以用数学函数的形式表达出来，基于历史数据拟合函数并用于未来新增储量预测的方法称为预测模型法。预测模型包括生命旋回模型、功能模型、灰色系统—哈伯特组合模型和神经网络—哈伯特组合模型等。预测模型法评价新增储量风险的步骤如下（图 3-7）：

（1）收集历年新增探明储量数据，收集资源量概率分布；

（2）基于资源量概率曲线，随机抽取资源；

（3）选择预测模型，根据资源量和历年新增储量数据，拟合预测模型中的系数，形成适用于评价区域的预测模型；

（4）基于预测模型，预测未来新增储量规模；

（5）重复第（2）～（4）步，直至达到要求的随机模拟次数；

（6）统计随机模拟结果，评估储量风险大小。

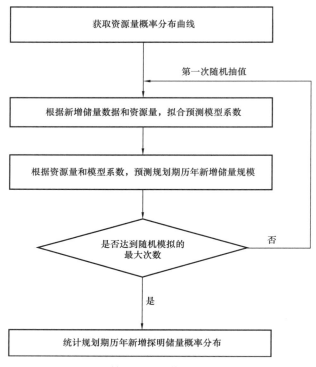

图 3-7　储量的预测模型法计算流程

二、产量模拟模型

天然气开发规划编制和天然气开发规划方案风险评价都涉及产量的模拟预测，但是两者有不同之处。一是，前者基于确定的影响因素形成确定的产量规模，后者基于七类不确定的风险因素形成不确定的产量规模；二是，前者先确定产量规模再确定开发工作量部署，后者则是基于方案中已有的工作量再确定规划产量目标是否可以实现。因此，天然气开发规划方案的产量风险评价过程有别于编制天然气开发规划方案中规划产量目标的确定过程。

天然气开发规划方案的产量风险评价过程是一个考虑多风险因素的产量最优化过程，这一过程包含资源规模、气藏地质特点、规划部署、技术水平、经济效益、管道市场和宏观政策法规共七类风险，其中规划部署风险是天然气开发规划风险评价中一个非常重要的因素。七类风险对规划产量的作用机理有所不同，产量风险评价模型本质上是确定产量与七类风险因素的逻辑关系（图 3-8）。通过分析，七类风险分为客观风险和主观风险两大类，规划产量风险模拟过程相应地分为两个阶段：第一阶段考虑资源规模和气藏地质特点两类客观风险，评价过程同规划方案编制流程类似，考虑两类风险得到推荐产量规模；第二阶段考虑五类决策风险，这五类风险就像是一个个"栏杆"，对推荐产量进行逐步限制，只有推荐产量能够逐一"跨过"五类决策风险的约束才是规划方案实施过程中无风险的可靠产量。两个阶段分别称为无约束时产量模拟阶段和有约束时产量模拟阶段。

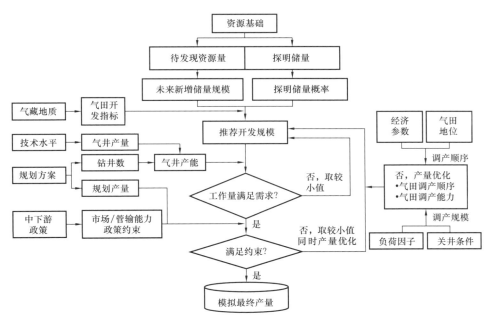

图 3-8 七类风险因素在天然气开发规划产量模拟中的逻辑关系

（一）无约束时产量模拟函数

无约束，即只考虑天然气资源规模和气藏地质特点风险，由于只考虑了两类客观风险而未考虑人为因素约束，因此模拟得到的产量结果也可以视作是天然气开发的潜力。

1. 模拟原理

天然气产量预测方法有十余种，如生命旋回法、Logistic 回归法等，最常用的是产量构成法。产量构成法指根据评价单元开发状态将评价单元分成探明已开发、探明未开发和待探明三部分，先计算每部分产量，再求和计算整体产量。

$$\sum_{i=1}^{m+n+q} q_{i,t}=\sum_{i=1}^{m} PD_{i,t}+\sum_{i=m+1}^{m+n} PUD_{i,t}+\sum_{i=m+n+1}^{m+n+q} UD_{i,t} \tag{3-6}$$

式中　PD——探明已开发气田产量，$10^8 m^3/a$；

　　　PUD——探明未开发气田产量，$10^8 m^3/a$；

　　　UD——新发现气田的产量，$10^8 m^3/a$；

　　　m——探明已开气田的个数；

　　　n——探明未开发气田的个数；

　　　q——待发现气田的个数；

　　　$q_{i,t}$——气田产量，$10^8 m^3/a$；

　　　下角 i——气田顺序；

　　　下角 t——时间。

产量构成法中最小评价单元为气田（有时根据需要，最小评价单元为某类气田群），气田开发一般经历上产、稳产和递减三个阶段（图 3-9），产量评价函数随评价单元所处开发阶段不同而不同，产量评价函数是一个分段函数。

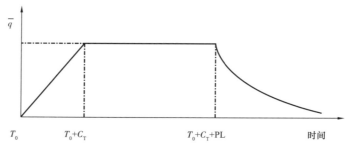

图 3-9　气田开发阶段划分

某气田 i 第 t 年推荐产量 $q'_{i,t}=\begin{cases} (t-1)/建产周期\times稳产规模，当处于建产期 \\ 稳产规模，当生产处于稳产期或采出程 \\ \qquad 度小于稳产期末采出程度 \\ 上年产量\times递减率，当生产处于递减期或累 \\ \qquad 计采出程度小于采收率 \\ 0，气田未开发或者已经废弃 \end{cases}$　（3-7a）

$$q'_{i,t}=\begin{cases} (t-1)/C_T\times\bar{q}_i & t<C_T \\ \bar{q}_i & C_T<t<PL+C_T \\ q_{i,t-1}\times R_d & C_T<t<PL+C_T \\ 0 & t<0 \text{ 或 } PL+C_T<t \end{cases}$$　（3-7b）

某气田 i 第 t 年推荐产量 $q'_{i,t}=\begin{cases} (t-1)/建产周期\times稳产规模，当处于建产期 \\ 稳产规模，当生产处于稳产期或采出程 \\ \qquad 度小于稳产期末采出程度 \\ 上年产量\times递减率，当生产处于递减期或累 \\ \qquad 计采出程度小于采收率 \\ 0，气田已经废弃 \end{cases}$　（3-7c）

$$q'_{i,t}=\begin{cases} (t-1)/C_T\times\bar{q}_i & t<C_T \\ \bar{q}_i & C_T<t<PL+C_T \\ q_{i,t-1}\times R_d & PL+C_T<t<T_f \\ 0 & T_f<t \end{cases}$$　（3-7d）

式中　C_T——产能建设周期，a；

　　　$\bar{q}_i$——第 i 个气田稳产产量，$10^8 m^3$；

　　　PL——稳产年限，a；

　　　R_d——递减率；

　　　T_f——整个生命周期，a。

2. 气田产量计算流程

无约束时，气田产量的计算仅考虑储量和开发指标，流程如下（图3-10）：

（1）首先确定气田储量概率；

（2）根据气田地质特征研究中的主要不确定因素，如驱动类型、储层连通性和非均质性，研究确定气田开发指标体系概率；

（3）根据储量和开发指标概率分布函数，随机抽取储量和开发指标；

（4）根据气田采出程度判断气田所处开发阶段：如果是产能建设阶段，则用产能建设阶段产量预测函数计算产量；如果采出程度小于稳产阶段采出程度，则气田产量为稳产规模产量；如果处于递减阶段，则用上一年的产量乘以递减率计算气田当年产量；

（5）根据当年产量模拟结果和上一年底的采出程度，计算当年底的采出程度，判断下一年的气田开发阶段，并预测下一年的产量；以此类推，得到历年产量；

（6）重复第（3）～（5）步，直至达到要求的随机模拟次数；

（7）统计随机模拟结果，评估产量风险。

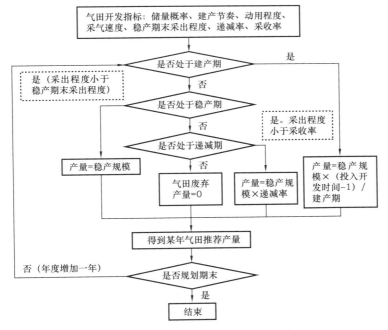

图3-10　不考虑约束时气田产量模拟流程

稳产规模 = 储量×动用程度×采气速度；阶段采出程度 = 累计采出量 /（地质储量×储量概率×动用程度）

3. 气区产量计算流程

气区常指某一盆地或某一油田公司所管辖的全部区域，是由许多气田组成的一个大的整体。无约束时，气区年产量等于所有气田推荐产量之和。计算流程如下（图3-11）：

（1）首先确定每个气田的储量概率和开发指标体系概率；

（2）根据储量和开发指标概率分布函数，随机抽取储量和开发指标；

（3）计算每个气田的历年产量；

（4）将气田产量叠加计算气区的历年产量；

（5）重复第（2）～（4）步，直至达到要求的随机模拟次数；

（6）统计随机模拟结果，评估产量风险大小。

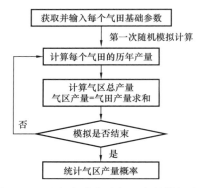

图 3-11　不考虑约束时气区产量模拟流程

4. 企业产量计算流程

企业的产量指其所管辖的全部区域，是由许多气区组成的一个大的整体。无约束时，企业的推荐年产量等于气区产量之和。计算流程如下（图 3-12）：

（1）首先确定每个气区、每个气田的储量概率和开发指标体系概率；

（2）根据储量和开发指标概率分布函数，随机抽取储量和开发指标；

（3）计算每个气区每年产量，将所有气区产量迭加即为企业每年产量；

（4）重复第（2）～（3）步，直至达到要求的随机模拟次数；

（5）统计随机模拟结果，评估产量风险大小。

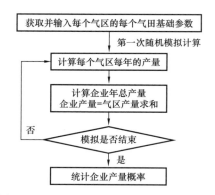

图 3-12　不考虑约束时企业产量模拟流程

（二）有约束时产量模拟函数

有约束时产量的模拟需要考虑天然气开发所面临的各种约束风险。

1. 模拟原理

除了客观风险约束，天然气生产过程中需要面对多种决策风险约束，此时需要对气田和气区产量进行调整，其中气田产量需要调整两次，气区产量调整一次。

考虑内部约束和外部约束时，气田产量需要调整两次。

一是内部约束，即来自气田自身的约束。主要考虑气田投资是否到位、工作量是否充足（主要指钻井数和地面配套能力）、地面配套能力是否满足生产需求等。考虑约束后，气田产量进行第一次调整，气田产量为推荐产量和约束产量中的较小值。

二是外部约束，即来自气区对气田的约束。考虑约束后，气田产量进行第二次调整，第二次调整与气区产量调整同时进行。

$$q'_{i,t}=\min(q_{i,t},q_{i\text{约束产量}}) \tag{3-8}$$

$$\text{气田}i\text{第}t\text{年实际产量}q_{i,t}=\begin{cases}\text{推荐产量，当气田没有任何约束}\\\text{部分推荐产量，当气田受约束部分无法生产}\\0\text{，当气田受约束完全无法生产}\end{cases} \tag{3-9}$$

$$q_{i,t}=\begin{cases}q'_{i,t} & \sum_{i=1}^{m+n+p}q'_{i,t}<Q_{\text{约束上限}}\\\dfrac{1}{\chi_{i,t}}\times q'_{i,t} & q'_{i,t}>q_{i\text{约束上限}}\\0\end{cases} \tag{3-10}$$

考虑约束时，气区产量需要调整一次，调整计算分以下几种情景：

（1）市场需求量约束，此时气区产量等于所有气田产量之和与市场需求量中的较小值；

（2）输气管道能力约束，此时气区产量等于气田产量之和与输气管道能力中的较小值；

（3）能源政策约束，此时气区产量为气田产量之和与约束产量中的较小值。

在以上三种约束情景中，当气田产量之和小于或等于气区约束时，气区和气田的产量不需要调整；当大于约束产量时，需要对部分气田进行压产，气田压产顺序和规模的确定需要综合以下因素：（1）恢复生产的难易程度，因此常常首先考虑关停高产气井；（2）最低生产规模的要求，为了保证净化厂正常工作，不能将气田全部生产井关掉；（3）开发经济效益，一般首先压减无效益或效益较差气田；（4）生产制度调整对最终采收率的影响。

考虑约束后的气区产量模拟函数为：

$$\sum_{i=1}^{x+y}q'_{i,t}=\begin{cases}\sum_{i=1}^{x+y}q'_{i,t} & \sum_{i=1}^{x+y}q'_{i,t}<Q_{\text{约束上限}}\\\sum_{i=1}^{x}q'_{i,t}+\sum_{i=x+1}^{x+y}q'_{i,t}/\chi_{i,t} & \sum_{i=1}^{x+y}q'_{i,t}>Q_{\text{约束上限}}\end{cases} \tag{3-11}$$

式中 x——不需要进行产量调整气田个数；

$\quad\quad\; y$——优先限产气田个数；

$\quad\quad\; \chi_{i,t}$——限产气田产量调整系数。

考虑评价区域约束后，气田实际产量再进行第二次调整，二次调整后的实际产量模拟函数 $q''_{i,t}$ 为：

$$q''_{i,t}=\begin{cases} q''_{i,t} & i<x \\ q''_{i,t}/\chi_{i,t} & i>x \end{cases} \quad\quad (3-12)$$

2. 气田产量计算流程

有约束时，气田产量的计算既要考虑客观风险，又要考虑决策风险，流程如下（图 3-13）：

（1）随机抽值，计算仅考虑储量规模和开发指标风险时气田推荐产量；

（2）输入规划部署，计算规划部署约束，输入地面和市场约束；

（3）综合各种风险约束，计算气田实际产量；

（4）重复以上步骤，直至达到要求的随机模拟次数；

（5）统计随机模拟结果，评估产量风险大小。

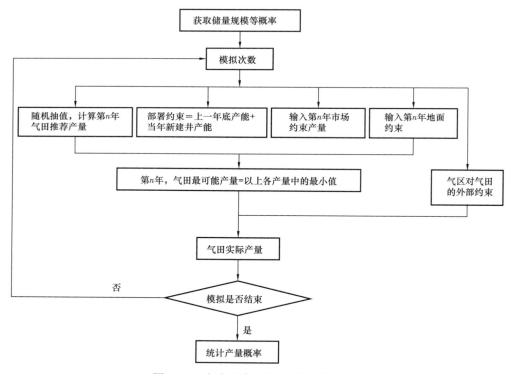

图 3-13 考虑约束时气田产量模拟流程

3. 气区产量计算流程

有约束时，气区产量的计算既要考虑客观风险，又要考虑管道市场、能源政策等决策风险，考虑约束时气区实际产量等于推荐产量和多种约束产量中的最小值。此时气区实际产量小于推荐产量，表明部分气田产量需要再次降低，那么需要调整哪个气田？气田调整产量规模又是多少？基于天然气开发整体效益最大化和天然气开发战略选择双重标准最优化的原则，需要判断所有气田开发效益顺序，以及所有气田开发的战略地位，综合判断气田调整顺序，并依次对气田产量进行调整。具体流程如下（图 3-14）：

（1）随机抽值，计算仅考虑气区客观风险和气田决策风险时，气区推荐产量；

（2）输入气区各种决策约束风险；

（3）综合各种风险约束，计算气区实际产量；

（4）基于气区实际产量和推荐产量，计算气区调产规模；

（5）基于气田调产顺序，依次对气田产量进行第二次调整；

（6）重复以上步骤，直至达到要求的随机模拟次数；

（7）统计随机模拟结果，评估产量风险大小。

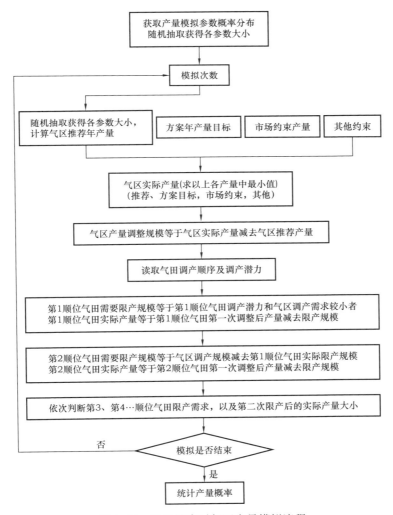

图 3-14 考虑约束时气区产量模拟流程

通过两次气田产量调整和一次气区产量调整后，实现了某年气田与气区实际产量模拟；通过计算截止该年末所有气田的阶段采出程度，判断气田所处开发阶段，为下一年气田产量测算选择模拟函数，实现了气田上一个时间节点对下一个时间节点的约束，实现了时间节点之间的约束（图 3-15）。

图 3-15 考虑时间节点和气田间约束时产量模拟流程

三、效益模拟模型

（一）效益评价指标体系筛选

效益评价指标体系包括投资内部收益率、回收期、财务净现值、投资利润率和投资利税率。

财务内部收益率（FIRR）是指项目在整个计算期内各年净现金流量现值累计等于零时的折现率，它反映项目所占用资金的盈利率，是考察项目盈利能力的主要动态评价指标。在规划方案经济分析中，该项指标是最重要的经济指标之一。如果通过现金流评价，方案的内部收益率指标达不到行业标准要求，说明现有方案在经济上是不可行的。

投资回收期（Pt）是指以项目的净收益抵偿全部投资（包括固定资产投资、投资方向调节税和流动资金）所需要的时间。它是考察项目在财务上投资回收能力的主要静态评价指标。在规划方案评价中，作为投资决策方，更关心的是投资能不能快速收回。由于气田开发的客观规律性，资金的投入风险会因为气田开发过程的不断深化而增大，投资决策方希望快速收回投资。一般来讲，投资回收期短的项目也是技术好的项目，决定投资回收期长短的因素主要是方案产量水平和气田的成本变化水平。考虑到资金的时间价值，投资回收期可分为静态投资回收期和动态投资回收期，动态投资回收期大于静态投资回收期，在老气田规划中一般考虑静态投资回收期。

财务净现值（NPV）是项目按行业的基准收益率或设定的折现率（当未制订基准收益率时），将项目计算期内各年的净现金流量折现到建设期初的现值之和。它是考察项目在计算期内盈利能力的动态评价指标，净现值指标是规划方案综合经济效益量化界限指标，净现值大于零的方案内部收益率一定满足行业要求，净现值小于零的方案内部收益率一定低于行业基准收益率。与内部收益率不同的是净现值指标能反映项目的绝对效益大小，这一点在规划方案评价中很重要。例如，有三套规划方案，内部收益率都高于行业基准要求，但只有 NPV 最高的方案才是效益最大的方案。

投资利润率是达到设计生产能力后的一个正常生产年份利润总额与项目总投资的比率，它是考察项目单位投资盈利能力的静态指标。在规划方案评价中，投资利润率可与行业平均投资利润率对比，以判别项目单位投资盈利能力是否达到本行业的平均水平。

投资利税率是指项目达到生产能力后的一个正常生产年份内的利税总额或项目生产期内的年平均利税总额与项目总投资的比率。在财务评价中，投资利税率可与行业平均投资利税率对比，以判别单位投资对国家积累的贡献水平是否达到本行业的平均水平。

五个指标中投资利润率和投资利税率为规划期内年度评价指标，内部收益率、投资回收期和财务净现值为全生命周期综合评价指标，内部收益率有行业规定，一般要求大于12%，因此经济风险评价一般以内部收益率作为量化目标，评价方法采用现金流入、流出方法，重点是评价历年的现金流大小。

（二）效益评价原理

经济效益评价采用现金流入、流出方法，由于天然气开发规划评价单元多，要取准、取全所有评价单元的所有经济评价参数难度非常大，因此需要对"气田开发现金流评价方法"做一些简化。同时由于气田处于不同的开发阶段，现金流测算所涉及的参数项不同，需要根据气田所处的开发阶段选择针对性的计算函数，具体可分为两种情况。

1. 已开发气田现金流测算

通常，已开发气田没有新增的产能投资，现金流测算时使用的是生产成本（折旧成本＋操作成本），已经发生的产能投资以折旧的形式呈现出来。年度现金流测算函数简化如下：

$$Bft_i = \{[q \times Rco \times (Price - Cpu - Rct)] \times (1 + Rdc)^{t-1}\}_t \qquad (3-13)$$

式中　Bft——当年折现现金流；

$\quad\quad q$——产量；

$\quad\quad$ Rco——商品率；

$\quad\quad$ Price——气价；

$\quad\quad$ Cpu——生产成本；

$\quad\quad$ Rct——综合税；

$\quad\quad$ Rdc——折现率；

$\quad\quad t$——时间。

2. 未开发气田现金流测算

未开发气田的开发需要大量产能建设投资，现金流测算时考虑的是产能建设投资及操作成本，没有折旧。

$$Bft_i = \{[q \times Rco \times (Price - Cop - Rct) - Invest] \times (1 + Rdc)^{t-1}\}_t \qquad (3-14)$$

式中　Cop——操作成本；

$\quad\quad$ Invest——产能投资。

产能投资与气田产能负荷因子等因素有关。

评价区域经济效益风险时，计算规划期内整个评价区域折现现金流大于零的概率，当现金流大于零时表明产出大于投入，企业可以承受。此外，还可以计算新开发气田的风险，即评价新投入开发气田全生命周期内累计折现现金流，当现金流大于零，表明项目能够达到行业标准，经济效益风险小。

（三）模拟流程

1. 气田效益计算

气田效益模拟以气田现金流模拟为主，气田效益模拟流程如下（图3-16）：

（1）首先确定气田产量概率；

（2）根据气田深度、地层钻探难易程度、气田流体性质等不确定性，研究气田经济效益评价参数体系的概率；

（3）根据产量和经济指标概率分布函数，随机抽取产量和经济指标；

（4）计算气田的历年现金流；

（5）计算气田内部收益率；

（6）重复第（3）～（5）步，直至达到要求的随机模拟次数；

（7）统计随机模拟结果，评估现金流和内部收益率的风险大小。

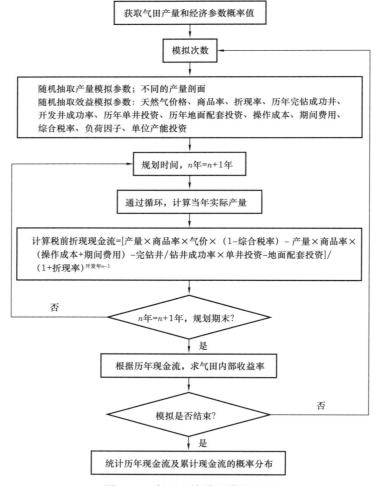

图3-16 气田经济效益模拟流程

2. 气区效益计算

气区效益风险评价主要基于气田计算结果，效益模拟流程如下（图3-17）：

（1）首先确定所有气田产量和经济效益评价参数体系概率；

（2）根据产量和经济指标概率分布函数，随机抽取产量和经济指标；计算所有气田历年现金流；

（3）将所有气田的现金流迭加，计算气区历年现金流；

（4）重复第（2）～（3）步，直至达到要求的随机模拟次数；

（5）统计随机模拟结果，评估气区现金流和累计现金流的风险大小。

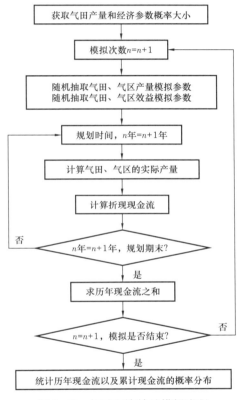

图 3-17　气区经济效益模拟流程

第三节　规划目标模拟与风险评价矩阵

一、规划目标概率模拟

评价天然气储量、产量和效益的参数，如气田面积、有效厚度、采气速度、采收率、气价、操作成本、投资水平等，均存在不确定性，理论上任意的参数组合都可能发生。为了对所有情形进行全貌描述，借助蒙特卡洛模拟方法的批量随机模拟功能，建立天然气开发规划目标的随机概率模拟方法，通过大量试验，理论上可以模拟出所有可能的结果（图3-18）。

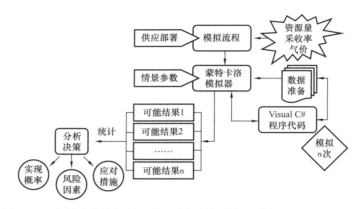

图3-18 蒙特卡洛模拟方法在天然气规划方案风险评价中的应用原理

模拟过程首先是根据风险因素特点，确定风险量化指标的概率曲线，然后应用蒙特卡洛模拟方法进行随机抽值，根据随机获得量化指标大小预测规划期储量、产量和效益大小，其次重复以上工作，通过多次运算对规划目标的所有可能性进行模拟。

二、风险评价矩阵研究

基于蒙特卡洛模拟方法，通过对风险参数的成千上万次的随机模拟，可以获得成千上万次的可能结果，接下来的问题是如何根据这么多次的结果对规划方案的风险进行评估。

风险评价最重要的问题之一是规划目标能否实现。用来量化表征"实现"的指标有两个，分别是等于规划目标的概率和大于规划目标的概率。如果所有风险参数的量化函数均是离散分布，那么从理论上看，可以通过大量的随机模拟计算获得所有可能出现的结果，只需要统计与规划目标相同的模拟结果出现的次数，除以总模拟次数就可以得到等于规划目标的概率，实际生活中这种风险问题也出现在例如投掷硬币或投掷骰子等风险问题中。但是，更多时候，风险参数的量化函数是连续分布的，例如采收率为60%～80%的均匀概率分布，那么采收率可能是60%、70%或80%，也可能是60.1%、70.1%、79.9%，还可能是60.11%、70.11%、79.99%，以此类推凡是60%～80%之间的任意一个数都可能出现，这时候就无法回答采收率等于70%的概率是多少。针对这类随机概率特点，常常用大于概率或小于概率表示某一特定值的风险大小，同样针对上面的案例，采收率实现70%的概率为50%，这里概率50%的含义是采收率大于70%的累积可能性占所有可能情况的比例，而不是指采收率恰恰等于70%时的概率为50%。

明确了表征"实现"的两个指标含义，结合天然气开发战略规划方案的特点，那么表征产量或效益规划目标的"实现概率"的指标确定为"大于规划目标的概率"。

结合生产需要和开发经验，如果大多数模拟结果大于规划目标，即大于规划目标的概率大于50%，则规划目标实现的可能性较大，方案基本可以接受，也就是说，大于产量或效益规划目标的概率至少达到50%。大于规划目标的概率越大，实现概率越高，方案越可以接受，同样结合生产经验，如果规划目标实现的概率达到80%，也就是成千上万次的随机模拟结果中大于规划目标的可能性达到80%，也即只有很小的可能性（20%）

达不到规划目标，规划方案就可以初步认定为风险较小。

除了用大于规划目标概率评估风险大小，还需要另外一个指标——离散程度表征风险大小。随机模拟结果的离散程度很高，也就是说随机模拟结果既可能非常大，又可能非常小，未来的不确定性范围非常大，那么即使大于规划目标累积概率大于50%，规划方案风险依然很大。反之，如果离散程度低，大多数随机模拟结果都非常接近，那么即使规划目标实现概率在50%左右，偏差也不会很大，方案风险仍然可控。风险是未来实际结果与预期结果之间的偏差，特别是不利的结果及其危害。风险就是表示事件发生的概率及其后果的函数，有时虽然不能实现规划目标的概率很低，但是小概率的事件一旦发生，也可能带来非常严重的后果，这种情景下的风险也应该被划到高风险范畴中。

为此，综合考虑实现规划目标的概率和概率曲线离散程度这两个指标，建立了风险评定矩阵，将风险分为四个等级（图3-19），根据天然气开发规划方案所处的风险等级可以综合判断规划方案的风险大小。

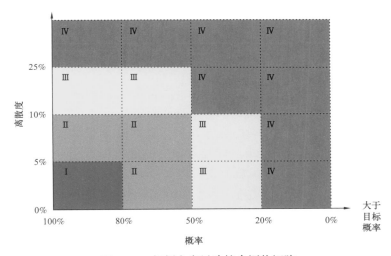

图3-19　规划方案风险综合评价矩阵

四级风险的判断标准如下：

（1）Ⅰ级风险：规划目标实现概率高（累积概率大于80%），离散程度低（小于或等于5%），方案可实施；

（2）Ⅱ级风险：规划目标实现概率较高（累积概率介于50%～80%），且离散程度较低（小于或等于10%），或者规划目标实现概率较高（累积概率大于80%）且离散程度较低（5%～10%），方案风险可接受；

（3）Ⅲ级风险：虽然规划目标实现概率较高（累积概率大于50%），但是离散程度较大（10%～25%）；或者虽然离散程度较低（小于10%），但是实现规划目标概率较低（累积概率20%～50%）。此时，方案风险较大，需要优化方案；

（4）Ⅳ级风险：规划目标实现概率很低（累积概率小于20%），或者离散程度很大（大于25%），或者规划目标实现概率较低（累积概率20%～50%）且离散程度较大（10%～25%）。方案风险极大，方案不可接受。

上述规划矩阵的含义可以用以下两组示意图说明。如图 3-20 所示，假设某方案产量规划目标为 $91 \times 10^8 m^3$，随机模拟结果表明可能产量区间为一个（90～110）$\times 10^8 m^3$ 的均匀分布函数，期望值为 $100 \times 10^8 m^3$，此时离散程度为 5%，规划目标实现概率为 95%，方案风险等级为 Ⅰ 级。如果上述规划方案规划目标改为 $99 \times 10^8 m^3$，其他所有条件都一样，那么方案离散程度仍为 5%，规划目标实现概率转为 55%，方案风险等级为 Ⅱ 级；依次类推，如果规划目标为 $105 \times 10^8 m^3$，方案离散程度仍为 5%，规划目标实现概率转为 25%，方案风险等级为 Ⅲ 级；如果规划目标为 $109 \times 10^8 m^3$，方案离散程度仍为 5%，规划目标实现概率转为 5%，方案风险等级为 Ⅳ 级。可以看到，上述示例可以代表图 3-20 所示风险矩阵最下面四个单元格含义，反映了实现概率在风险等级评价中的作用。

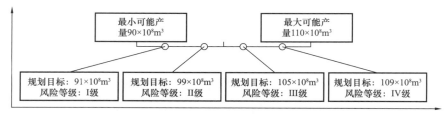

图 3-20　实现概率在风险等级评价中的作用示意图

此外，如表 3-4 所示，假设有四套规划方案，规划目标均为 $99 \times 10^8 m^3$，但是由于随机模拟结果不同，所以风险等级也不尽相同。规划方案一的随机模拟结果为一个可能产量区间在（90～110）$\times 10^8 m^3$ 的均匀分布函数，此时规划目标实现概率为 55%，但离散程度为 5%，方案风险等级为 Ⅱ 级。规划方案二的随机模拟结果为一个可能产量区间在（80～120）$\times 10^8 m^3$ 的均匀分布函数，此时规划目标实现概率为 52.5%，但离散程度为 10%，方案风险等级为 Ⅱ 级。依次类推，方案风险等级分别为 Ⅲ 级、Ⅳ 级。

表 3-4　离散程度对风险综合评价结果的影响

方案	风险评价	示意图
方案一	① 规划目标：$99 \times 10^8 m^3$； ② 可能产量：（90～110）$\times 10^8 m^3$； ③ 离散程度：5%； ④ 规划实现概率：55%； ⑤ 风险等级：Ⅱ 级	最小可能产量 90×10⁸m³　最大可能产量 110×10⁸m³ 方案一：规划目标：$99 \times 10^8 m^3$　风险等级：Ⅱ 级
方案二	① 规划目标：$99 \times 10^8 m^3$； ② 可能产量：（80～120）$\times 10^8 m^3$； ③ 离散程度：10%； ④ 规划实现概率：52.5%； ⑤ 风险等级：Ⅱ 级	最小可能产量 80×10⁸m³　最大可能产量 120×10⁸m³ 方案二：规划目标：$99 \times 10^8 m^3$　风险等级：Ⅱ 级

方案	风险评价	示意图
方案三	① 规划目标：$99\times10^8m^3$； ② 可能产量：（$50\sim150$）$\times10^8m^3$； ③ 离散程度：25%； ④ 规划实现概率：51%； ⑤ 风险等级：Ⅲ级	最小可能产量 $50\times10^8m^3$　最大可能产量 $150\times10^8m^3$ 方案三： 规划目标：$99\times10^8m^3$ 风险等级：Ⅲ级
方案四	① 规划目标：$99\times10^8m^3$； ② 可能产量：（$0\sim200$）$\times10^8m^3$； ③ 离散程度：50%； ④ 规划实现概率：50.5%； ⑤ 风险等级：Ⅳ级	最小可能产量 0　最大可能产量 $200\times10^8m^3$ 方案四： 规划目标：$99\times10^8m^3$ 风险等级：Ⅳ级

第四章　天然气开发规划风险点
敏感性评价方法

天然气开发规划方案风险量化评价目标有两个，一个是第三章中已经详细论述的评价规划目标实现概率，包括规划周期内哪一年风险最大及规划单元中哪一个单元风险最大；另一个是辨识规划方案的风险因素，量化分析其对规划目标的影响程度，指出哪一类风险因素造成的不确定性最大。本章针对风险因素特点及其对规划目标的作用机理，系统分析风险因素，建立不同风险因素的敏感性评价方法，确定风险量化指标，为天然气开发规划风险量化评价模型的建立奠定基础。

第一节　风险因素及其对规划目标的影响

前已述及，天然气开发规划方案风险因素主要有七类。风险因素的特点不同，风险因素对规划目标的作用机理也就不相同，降低风险手段也不相同。一方面，针对资源规模和气藏地质风险，假设通过研究辨识出规划方案存在较大的资源规模和气藏地质风险，但也无法通过一定的措施进行本质上的改变，这是因为这两类风险属于客观风险，客观风险只能认识不能改变，当发现存在客观风险时，一般采取的措施仅是增加对地质规律的认识，使地质评价结果更加确定，也就是要尽可能降低规划方案的离散程度。另一方面，规划部署、经济效益、技术水平、管输市场能力和政策法规等，这些属于决策风险，既能够认识又能够改变，这些风险因素受人的主观能动性控制，如提高技术水平可以使规划目标实现概率更大，则在允许的前提下可以加强技术攻关，提高技术水平，降低风险等级，保障方案顺利实施。

假设有一个方案，规划的单井产量为 $2 \times 10^4 m^3/d$。但是由于地质条件认识过程中存在风险，实际单井产量存在多种可能性，渗透率、储层连通性等地质条件较差时，气井产量可能是 $1 \times 10^4 m^3/d$；地质条件也可能较好，此时气井产量可能是 $3 \times 10^4 m^3/d$；最可能的是地质条件与规划认识一样，则气井产量为 $2 \times 10^4 m^3/d$。鉴于此，需要加强储层精细描述研究，加强气井产量不确定性分析，从而降低规划的离散程度，这是客观风险带来的影响和应对措施。此外，由于目前技术尚未成熟，气井产量仍有上升空间。例如，通过分析，在地质条件不变的情况下，如果技术取得一定进步，则单井产量可以提高20%至 $2.4 \times 10^4 m^3/d$；如果技术取得再进一步的提升，则单井产量可以提高50%至 $3 \times 10^4 m^3/d$。鉴于此，需要提升技术适应能力，努力提高气井产量，从而提高规划目标实现概率，这是决策风险带来的影响和应对措施（图4-1）。

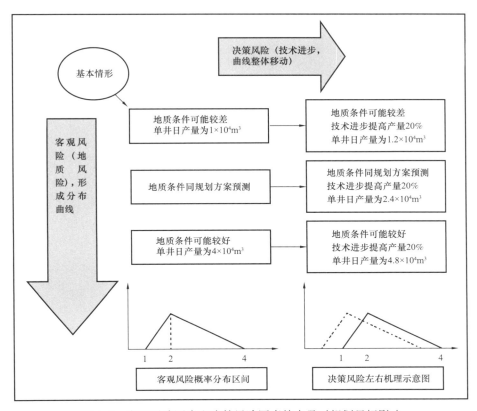

图4-1　客观风险因素和决策风险因素特点及对规划目标影响

可见，降低风险等级的策略分两类，既可以是降低规划目标的离散程度，主要从客观风险下手，又可以是提高规划目标的实现概率，主要从决策风险下手。为此，为了更加有效地指导部署降低风险措施，必须针对不同类型风险建立相应的敏感评价方法。

第二节　风险因素敏感性评价方法

风险类型不同，对预防风险的作用机理也就不同，风险因素敏感评价方法也不同，需要针对不同类型风险建立相应的敏感性评价方法。为此，根据风险因素类型，分类研究了预防风险的措施：一是针对客观风险指标（如气田地质储量规模）提出了缩小规划方案不确定性（离散度）的预防措施，二是针对决策风险变量（技术进步、工作量），提出通过提高规划方案可信度（提高规划方案目标概率）的预防措施，并分别建立了"概率曲线扫描法"和"概率曲线位移法"两种评价风险因素敏感程度的方法。

一、客观风险的敏感性评价方法及流程

客观风险包括资源规模风险和气藏地质风险，资源规模风险又可以细分为新增储量规模风险和探明储量可动用风险，风险主要来源于资源量大小、资源序列是否合理、储层认识是否准确等。

（一）评价原理

不同的客观风险具有不同的分布规律，决定客观风险对评价目标敏感程度关键看两点：一是客观风险的不确定性范围，即风险一旦发生，最糟糕的情景是什么，最乐观的情景又可能是什么，也即首先确定风险的顶界和底界；二是客观风险的顶界和底界中间的变化过程，即概率曲线特点，是集中于顶界，还是集中于底界，或是均匀分布，不同的区间分布规律会带来不同的风险因素评价结果。

客观风险因素的评价方法称为"概率曲线扫描法"，即根据各种客观风险的累积概率曲线分布规律，评价风险量化指标对产量、经济等目标的影响程度。例如，计算某一风险量化指标累积概率分别等于20%、40%、60%、80%时产量及经济效益的概率分布（图4-2）。这样，既可以量化风险因素对评价目标的影响范围，又可以模拟出引发风险的全部过程。

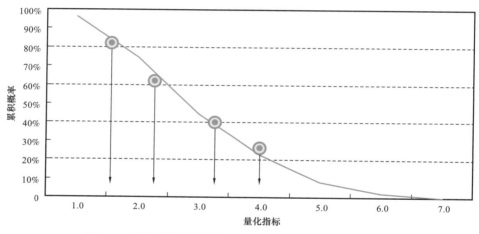

图4-2　客观风险因素敏感程度评价的等概率步长取值方法

该方法能够评价客观风险点对目标的敏感程度，指出降低规划目标离散程度的方向，这是降低风险的第一种策略。例如由"规划期末产量集中在$10×10^8m^3$到$100×10^8m^3$之间，最可能$55×10^8m^3$"，降低到"通过加强客观风险的认识，规划期末产量集中在$50×10^8m^3$到$60×10^8m^3$之间，最可能$55×10^8m^3$"。这样就将一个十分模糊的认识转化成一个相对明朗的认识，从而达到降低风险的目的。

（二）评价流程

客观风险敏感程度的评价基础是风险因素概率分布规律，也即概率分布曲线，基于概率分布曲线可逐步进行敏感性分析。

（1）根据对资源规模和气藏地质特征等客观风险因素的认识，评价资源量、采收率等客观风险量化指标的概率分布曲线；关键是确定风险量化指标的最大值、最小值、最可能值，以及概率曲线形态（图4-3），如三角分布、正态分布等。

（2）按风险量化指标由小到大的顺序，求风险量化指标累积概率分布曲线（图 4-4）。

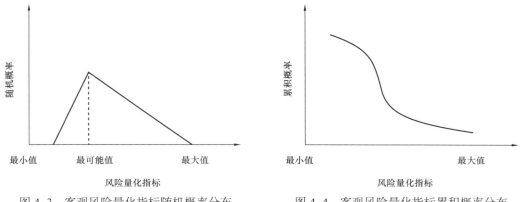

图 4-3　客观风险量化指标随机概率分布　　　图 4-4　客观风险量化指标累积概率分布
　　　　曲线示意图　　　　　　　　　　　　　　　曲线示意图

（3）基于累积概率分布曲线，按照一定概率步长（如 25%），求取不同概率时风险量化指标大小。有时无法获得累积概率曲线的两个端点值，如对数分布曲线，此时可用累积概率 1% 和 99% 近似代替 0% 和 100%（图 4-5）。

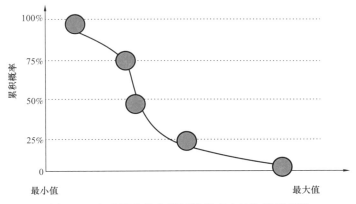

图 4-5　客观风险量化指标等概率步长取值示意图

（4）当评价某一风险因素时，其他风险因素取累积概率为 50% 时的大小，计算被评价风险因素在不同概率时对应的产量和经济效益，此时产量和经济效益分布范围代表被评价客观风险因素的敏感程度。

（5）依次类推，评价其他客观风险量化指标的敏感程度。根据评价结果可以绘制箱形图、"暴风雨"图、"蜘蛛网"图，从而直观展示风险因素敏感程度。其中，箱形图中每个箱体代表一个风险因素，每个"箱子"的上下两条线代表风险因素分别在最大和最小时对应的产量和效益（纵坐标），"箱子"中间的三条线自上而下分别代表风险参数的累积概率为 25%、50% 和 75% 时对应的产量和效益（图 4-6）。

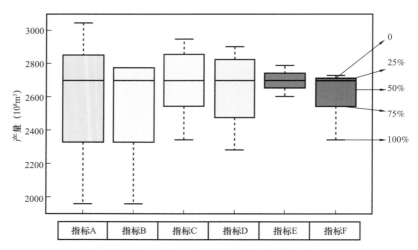

图 4-6　客观风险因素敏感程度（箱形图）

假设风险量化指标为储量动用程度，量化目标为产量。储量动用程度分布范围为 30%～80%，累积概率分布曲线如图 4-7（a）所示。储量动用程度累积概率为 100% 时对应图中的 A 点，此时储量动用程度等于 30%，产量为 $2000×10^8 m^3$。依次类推，储量动用程度累积概率为 75%、50%、25%、0 时对应图中的 B、C、D、E 四个点，储量动用程度分别等于 45%、60%、70% 和 80%，储量动用程度越来越大，产量规模也越来越大，如图 4-7（b）所示，四个点的产量规模分别为 $2350×10^8 m^3$、$2700×10^8 m^3$、$2850×10^8 m^3$ 和 $3050×10^8 m^3$。相同方法做出其他参数的箱形图，箱形图的形状决定风险量化参数对产量的敏感程度。

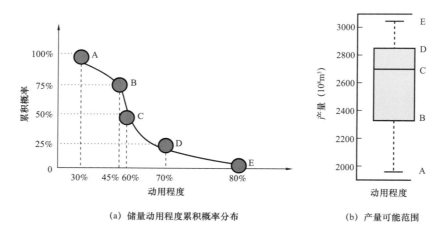

（a）储量动用程度累积概率分布　　　　（b）产量可能范围

图 4-7　箱形图含义示意（以储量动用程度与产量之间敏感程度评价为例）

"暴风雨"图的两端代表风险因素在最大和最小时对应的产量和效益，中间的线代表累积概率不同时对应的产量和效益（图 4-8）。"暴风雨"图可以简单理解为箱形图旋转 90°。

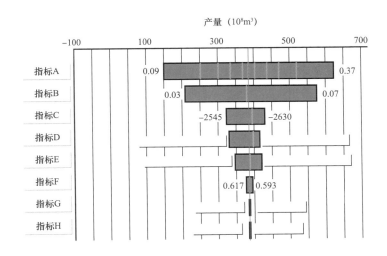

图 4-8　客观风险因素敏感程度（"暴风雨"图）

"蜘蛛网"图的每条线代表一个风险因素，每条线上的点代表风险因素累积概率大小（横坐标）及对应的产量和效益（纵坐标），中间的线代表不同累积概率对应的产量和效益（图 4-9）。

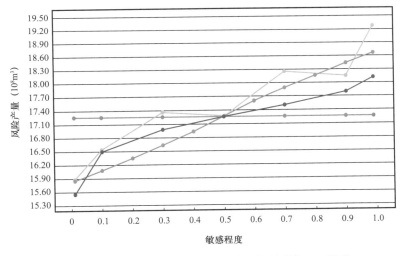

图 4-9　客观风险因素敏感程度 [2008 新气田—规划时间（2025）]

以新增储量概率影响因素的敏感评价为例，面积、厚度、孔隙度、含气饱和度和体积系数的敏感程度评价流程如图 4-10 所示。首先确定五个客观风险的概率曲线，分别求取五个参数在累积概率分别等于 1%、25%、50%、75% 和 99% 时的大小，然后依次评估五个参数的敏感程度。

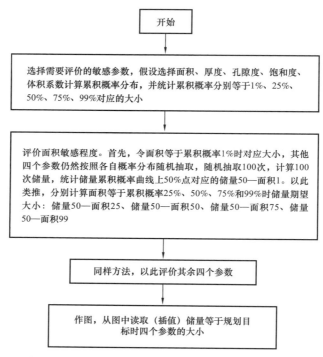

图 4-10　影响新增储量的客观风险因素敏感评价流程

二、决策风险敏感性评价方法研究

决策风险包括规划部署、技术水平、经济效益、市场管道和政策法规，五类决策风险使用九个量化指标描述。其中，规划部署的量化指标有两个，分别为探井数（新增储量规模）和开发钻井数；技术水平的量化指标有四个，分别为技术进步之单井产量进步系数、单井投资降低水平、动用程度提高倍数、采收率提高系数；此外，经济效益、市场管道和政策法规风险分别用气价提高倍数、市场—管道约束系数、能源比重政策约束三个指标。

（一）评价原理

决策风险受人为因素影响，人的主观能动性也有一定的范围，因此不同的决策风险具有不同的分布规律。但是与客观风险因素不同的是，决策风险对目标敏感程度只有一个关键点，即决策风险的上下界限，也即风险一旦发生，人的主观能动性最大能到什么程度，最小又能到什么程度。一般而言，决策风险概率分布曲线为均匀函数，只要人们愿意，总是能够对决策风险加以校正。例如开发投资金额，既可以多投入一些，又可以少投入一些。

决策风险因素的评价方法称为"概率曲线位移法"，即根据投资金额等决策风险因素的累积概率曲线分布规律，评价决策风险对产量和经济效益的影响程度，例如计算某一风险量化指标分别增加到基础值的 1.2 倍、1.4 倍、1.6 倍时的产量及经济效益的概率分布，从而量化决策风险因素对评价目标的影响范围。

该方法能够评价决策风险点对规划目标的敏感程度，指出提高规划目标实现概率方向，这是降低风险的第二种策略。例如由"实现 $1200×10^8m^3$ 产量的概率为50%"，通过技术进步提高已递减气田的采收率，使"实现 $1200×10^8m^3$ 产量的概率达到80%"，实现规划目标的信心或把握更大，从而使得规划方案风险得到有效控制。

（二）评价流程

决策风险敏感程度的评价基础是风险因素概率分布区间，基于此可逐步进行敏感性分析。

（1）根据对规划部署、经济效益风险参数、技术水平、市场管道约束、政策法规等决策风险因素的认识，评价钻井数可增加倍数、钻井投资可增加倍数、单位钻井成本降低程度、操作成本降低程度、技术进步可以提高采收率等决策风险量化指标的概率分布区间，即风险量化指标的最大值、最小值（图4-11）。

（2）按风险量化指标由小到大的顺序，求风险量化指标累积概率分布曲线（图4-12）。

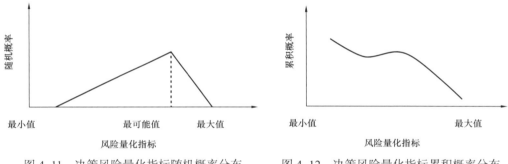

图4-11 决策风险量化指标随机概率分布曲线示意图　　图4-12 决策风险量化指标累积概率分布曲线示意图

（3）基于累积概率分布曲线，按照一定增长倍数步长，如1.2倍、0.8倍，即增加基数的20%或降低基数的20%，整体移动概率分布曲线。有时直接用基础概率曲线上的50%概率所对应的风险量化指标大小代替整体概率曲线，再增加或降低一定倍数（图4-13）。

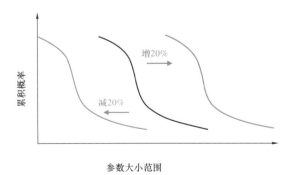

图4-13 决策风险量化指标等增长倍数取值示意图

（4）当评价某一风险因素时，其他风险因素取累积概率为 50% 时大小，计算被评价风险量化指标在增加或降低不同倍数后对应的产量和经济效益，此时产量和经济效益范围代表被评价决策风险因素的敏感程度（图 4-14）。

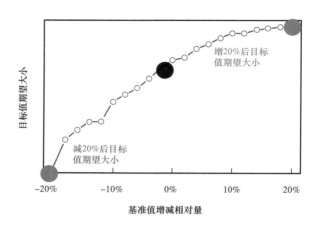

图 4-14　决策风险量化指标敏感程度示意图

（5）依次类推，评价其他决策风险量化指标的敏感程度。可以用"蜘蛛网"图直观展示风险因素敏感程度，其中"蜘蛛网"图中的左右两个端点分别代表决策风险量化指标在最大增加倍数和最小增加倍数时对应的产量和效益，中间交点代表决策风险不发生变化时的产量和效益（图 4-15）。

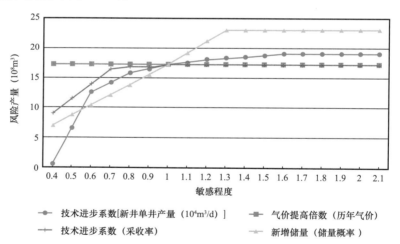

图 4-15　决策风险因素敏感程度评价效果示意图 [2008 新气田—规划时间（2025）]

以现金流概率影响因素的敏感评价为例，如投资、成本和气价三个参数的敏感程度评价，评价流程如图 4-16 所示。首先确定三个决策风险的概率区间，分别求取三个参数在基础值增加 10%、20%、30% 和降低 10%、20%、30% 时的大小，然后依次评估三个参数对现金流的敏感程度。

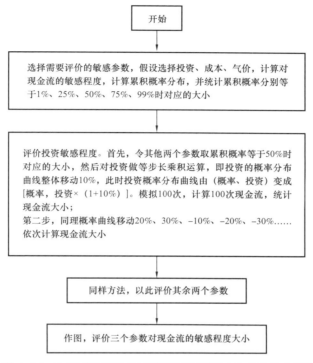

图 4-16 决策风险因素敏感程度评价流程（以现金流为例）

第三节 风险量化指标确定方法

风险量化指标概率曲线描述是天然气开发规划方案风险评价的重点研究内容，它与规划目标量化模型研究并列为两个最核心的问题。

风险量化指标概率分布曲线的确定方法有两大类。一是根据风险量化参数特点，采用不同的标准函数，最常用的标准函数有 0～1 分布、均匀分布、三角分布、正态分布、对数正态分布（图 4-17）。其中，"0～1 分布"概率函数表示风险量化指标要么"是"，要么"不是"，如"2015 年国家是否会有碳税征收政策"；"均匀分布"的含义即只能确定量化指标最大值和最小值，区间内发生概率相同，常常用于评价决策风险因素；"三角分布"的含义是既能确定量化指标最大值和最小值，又能确定最可能值，越趋近最可能值，概率越大；"正态分布"和"对数正态分布"的含义是能够确定最可能值，同时基本确定离散区间，正态分布最可能值的两端概率分布完全对称，对数正态分布两端不对称而且趋于一个方向。这种概率确定分布方法主要应用于技术风险、气价等经济参数风险、工作量投入风险等决策风险的描述，针对客观风险量化指标历史数据量不足时，也可以采用理论概率曲线描述。

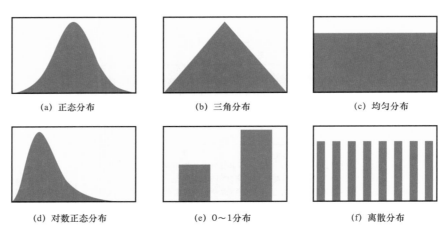

(a) 正态分布　　　　　　　(b) 三角分布　　　　　　　(c) 均匀分布

(d) 对数正态分布　　　　　(e) 0~1分布　　　　　　　(f) 离散分布

图 4-17　风险量化指标常用的概率分布曲线示意图

二是基于大量统计确定，概率曲线的形成过程一般先是基于一定的统计数据，然后拟合函数，用拟合度最高的函数代表风险量化参数的概率分布曲线（图 4-18）。例如低渗透气田采收率的确定，可以通过统计已开发低渗透气田的实际数据，拟合形成低渗透气田采收率概率分布曲线，并作为相似低渗透气田的概率曲线。这种风险指标概率函数确定方法主要适用于资源规模风险和地质风险的量化指标，例如储量可信度大小，以及气田递减率、稳产期末采出程度和采收率等开发指标的风险描述。

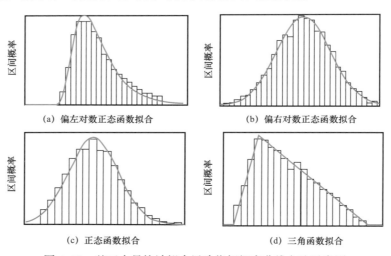

(a) 偏左对数正态函数拟合　　　　　　　　　(b) 偏右对数正态函数拟合

(c) 正态函数拟合　　　　　　　　　　　　　(d) 三角函数拟合

图 4-18　基于大量统计拟合风险指标概率曲线方法示意图

实践表明，除了根据风险因素的特点确定风险量化指标的概率分布曲线外，还需要考虑气田所处开发阶段确定概率曲线函数（表 4-1）。处于不同开发阶段气田的同一风险量化指标的描述方法不同，如待探明气田主要根据勘探目标区域的宏观地质特征，借鉴周边气田参数类比法确定，分布函数常采用标准函数，待探明气田风险量化指标的离散程度最大；探明气田开发指标主要依据气藏地质特征，采用统计方法，分布函数常采用离散函数，探明未开发气田风险量化指标的离散程度居中；已开发气田动态资料详尽，指标规律认识相对可靠、真实，概率分布曲线集中，已开发气田风险量化指标的离散程度最小。

表 4-1 不同开发阶段及特点指标风险量化指标取值方法

开发阶段	特点	示意图	原则	常用曲线 （以单井日产量为例）	指标类型
待探明	不确定性大，分布范围宽		统计分析	① 固定值：大小确定； ② 均匀分布：只能确定在（1~6）×10^4m^3 之间； ③ 三角分布：（1~6）×10^4m^3 之间，最可能是 $3×10^4m^3$； ④ 正态分布：在 $3×10^4m^3$ 左右分布集中； ⑤ 对数正态：（1~6）×10^4m^3 之间，在 $3×10^4m^3$ 左右分布集中； ⑥ 零散分布：有大量统计数据	① 决策：不可控指标。 分布曲线：固定值、均匀分布等； 特点：不确定，企业不可控； 例如：政策、气价； ② 决策：可控指标。 分布曲线：均匀分布等； 特点：不确定，可控； 例如：井数、配套能力； ③ 内部 + 客观。 分布曲线：对数正态、正态等； 特点：不确定，不可控； 例如：储量、井深
探明未开发	分布范围较宽		类比分析		
探明已开发	不确定性小，分布范围集中		动态分析		

总之，风险量化指标概率曲线的描述是开展天然气开发规划方案风险评价的最基本、最重要的工作。实际操作中，必须深入、全面地研究风险评价单元的特点，结合实际情况给出每个评价单元每一风险量化参数的合理概率曲线类型和大小分布范围，只有这样，规划方案综合风险大小的评价结果才能更准确、科学、有效。

第五章　天然气开发规划风险量化评价模型应用

天然气开发规划方案风险评价需要进行大量的随机模拟，必须借助计算机实现，为此基于天然气开发规划方案风险评价理论研制了评价软件，借助软件开展应用研究，本章以 2008 年编制的"KLS 构造带天然气开发规划方案"为例介绍规划方案风险评价模型的应用。

第一节　天然气开发规划方案风险评价软件研制

一、天然气开发规划方案风险评价软件编制

基于天然气开发规划方案风险评价理论，借助 Visual Studio 编译平台，研制了天然气开发规划方案风险评价软件系统，软件界面如图 5-1、图 5-2 所示，主要包括规划方案编辑窗口、风险因素输入窗口和风险评价结果的显示窗口。

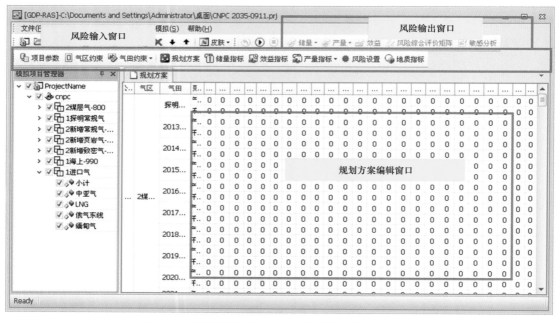

图 5-1　天然气开发规划方案风险评价系统主要窗口

图 5-2　部分决策风险因素输入窗口

软件总体操作流程如图 5-3 所示，关键是风险因素概率分布曲线的录入、规划目标的概率模拟和风险因素敏感程度分析。

图 5-3　风险评价的总体操作流程

此外，除本项目中形成的新方法，软件还集成了储量、产量和效益常用评价方法，主要是产量预测的动态分析方法和数值模拟方法，形成不同开发阶段气田推荐方法列表（表 5-1）。

表 5-1　天然气开发规划方案风险评级软件中集成方法

区块 / 开发阶段	储量				产量					效益
	物质守恒法	体积法	资源转化率法	本项目新方法	递减指数法	气藏工程	数值模拟	类比法	本项目新方法	现金流法
递减	√	√			√	√	√	√	√	
开发中早期	√	√			√	√	√	√	√	√
探明未开发		√				√	√	√	√	√
控制预测区块			√	√			√	√	√	
待开发区块			√	√			√	√	√	√

二、天然气开发规划方案风险评价软件功能

软件具备两大功能，一是评价规划方案目标概率大小，二是评价风险因素敏感程度。

1. 评价规划目标实现概率和风险等级

通过多次运算，可以获得不同评价单元、不同时间节点的产量、效益等评价目标的多种可能结果（图5-4）。

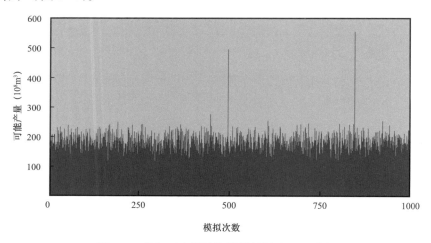

图 5-4　某气田产量随机模拟结果（1000 次）

采用一定的步长，可以统计不同区间的产量、效益的出现频次，形成产量分布曲线、效益概率分布曲线，从大到小统计累积概率分布曲线，从而获得大于规划目标的累积概率。如图 5-5 所示，P5 代表累积概率等于 5% 的点，P5 产量为 $289×10^8m^3$ 指 1000 次随机模拟中有 50 次随机模拟产量大于 $289×10^8m^3$。同理可获得不同概率时产量大小，一般统计 P95、P50 和 P5 下的产量。

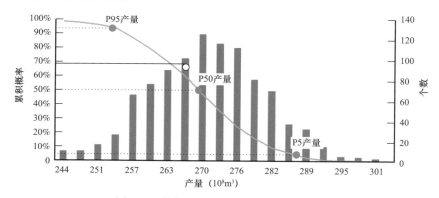

图 5-5　某气田产量概率分布（1000 次）

在累积概率曲线上，找到规划目标对应的概率，可以获得大于规划目标的概率，同时统计概率曲线的离散程度，综合起来可以评价不同评价单元风险等级。表 5-2 中评价了不同时间节点、不同气田产量目标的风险等级；通过汇总，还可以评价气区、企业和国家层面的天然气产量目标的风险等级。

表 5-2   三个气田不同规划时期产量风险等级

	2012	2013	2014	2015	2016	2017	2018	2019	2020
气田1	I	I	I	I	I	I	I	II	III
气田2	I	I	I	I	I	I	II	III	IV
气田3	I	I	I	I	I	I	II	III	IV

统计历年 P5、P50 和 P95 下的产量大小，可以绘制规划期内历年产量或现金流的概率发展趋势。如图 5-6 所示，每一条红色曲线代表一次随机模拟的产量剖面，蓝色的三条线自上而下分别代表 P5、P50 和 P95 概率下的产量趋势。

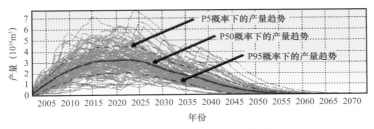

图 5-6   不同年份概率产量趋势

2. 明确关键风险因素及其大小

通过风险因素的敏感性分析，可以评价同一时间节点、不同评价单元的风险因素大小，也可以评价同一个单元、不同时间节点的风险因素大小。如图 5-7 所示，为某天然气开发规划方案"探明常规气"和"新增页岩气"两个评价单元（气区级别）2035 年影响产量的客观和决策风险大小，可见，该规划方案产量构成中探明常规气的风险较小，页岩气各时期风险较大，风险主要源自新增储量规模。

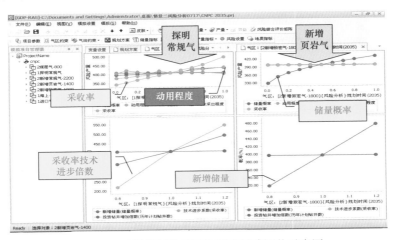

图 5-7   不同规划单元风险因素敏感评价示意图

第二节　KLS构造带规划方案风险量化评价

一、规划方案编制背景

KLS构造带规划方案编制于2008年。规划方案编制时构造带内已经有探明气田A和B，控制预测气田C、D、E和F，共上报三级天然气地质储量6544.85×10⁸m³，产量由2003年的10×10⁸m³增加到2007年的80×10⁸m³。

KLS构造带东西长约240km，南北宽20～35km，面积约为6000km²，区带资源量大，展示了非常好的开发前景，为指导天然气开发健康可持续发展，2008年编制形成了"KLS构造带天然气开发规划方案"。

二、规划方案要点

1. 规划目标

"KLS构造带天然气开发规划方案"规划目标为2025年天然气产量达到240×10⁸m³，并持续稳产20年（图5-8）。

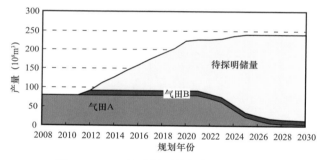

图5-8　KLS构造带天然气产量规划目标

2. 规划方案部署

2011—2020年动用地质储量6417×10⁸m³，年均640×10⁸m³，新建产能200×10⁸m³，年均建产能20×10⁸m³，共钻井226口，年均23口；累计钻井进尺153.4×10⁴m，年均15.3×10⁴m。2021—2025年，动用地质储量2550×10¹²m³，年均动用509×10⁸m³，新建产能73×10⁸m³，年均15×10⁸m³，确保2025年产量规模达到240×10⁸m³（图5-9）。

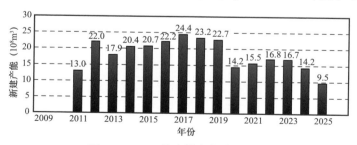

图5-9　KLS构造带产能建设规划

三、输入数据准备内容

需要准备的数据分为三类：一是勘探开发历史和现状数据，二是规划方案目标和部署，三是风险因素概率曲线数据。历史/现状参数是风险研究的前提条件，规划目标和部署是风险研究的对象，风险因素概率曲线描述是风险研究的核心（表5-3）。

表5-3 天然气开发规划风险评价需要准备数据列表

类型	参数
历史/现状 参数	生产历史（产量历史）； 开发现状（开发阶段、目前采出程度、储量规模、气井数等）； 地质参数（驱动类型、连通性等）
规划方案	规划产量； 历年钻井数、进尺、投资，以及在评价单元上分配情况
风险因素 量化参数	储量概率模拟参数（探明储量：面积、厚度、孔隙度、饱和度、体积系数；新增储量：资源量、控制/预测储量、资源转换率、探井工作量、成功率、单位探井贡献率）； 产量概率模拟参数（气田参数：采气速度、稳产期末采出程度、递减率、采收率；气井参数：单井产量；其他参数：管道输气能力、市场需求量、能源政策中天然气要求、气价）； 经济效益模拟参数（商品率、税率、负荷因子、单井投资、单位进尺投资、亿方产能投资、操作成本、生产成本、钻井成功率）

四、评价单元划分及量化指标描述

（一）评价单元划分和资源基础

风险评价之前，需要对评价单元进行必要的分类和合并工作。气田类型不同，开发规律不同，风险量化指标的分布规律也不一样，因此量化模拟之前，对评价单元进行区分界定非常重要。有时，需要处理的气田数目过多，而且它们的生产规模又较小，这时将它们进行必要的合并可以节省大量的模拟工作量和时间。

KLS构造带内探明已开发气田只有气田A，上报探明地质储量$2840 \times 10^8 m^3$，可采储量$2130 \times 10^8 m^3$，气藏类型属于中孔隙度、中渗透率、底水、异常高压、干气气藏。于2004年11月19日投产，在2006年底所有井完钻，并达到方案设计的$107 \times 10^8 m^3$产能规模。截至2007年底，累计产气$231.11 \times 10^8 m^3$。

探明未开发气田为气田B，上报探明地质储量$587 \times 10^8 m^3$，气藏类型属于低孔隙度、低渗透率、深层高压、层状边水凝析气藏。规划编制时尚未形成开发方案。

控制储量区块为气田C，控制储量$868 \times 10^8 m^3$，气藏类型与气田B类似。预测储量区块主要为气田D、E和F，合计预测储量$2249 \times 10^8 m^3$，气藏类型与气田B相似。

新领域的资源潜力分析认为，KLS构造带有效勘探面积约为$6000 km^2$，圈闭储备丰富，5排区带共有储备圈闭或显示26个，面积1127.2km²，天然气圈闭总资源量2.19×10¹²m³；其中重点圈闭13个，总面积755.6km²，资源量1.7×10¹²m³（表5-4）。

表5-4　KLS构造带13个重点圈闭天然气资源量统计表

圈闭编号	圈闭类型	圈闭要素				潜在天然气资源量（10⁸m³）
		圈闭面积（km²）	闭合度（m）	高点海拔（m）	高点埋深（m）	
1	背斜	53.0	350	−4750	6400	1730
2	断背斜	107.2	650	−5000	6550	2921
3	背斜	36.6	350	−2900	4900	1220
4	背斜	21.7	220	−840	2540	468
5	背斜	73.6	500	−6300	7250	2019
6	背斜	46.0	400	−5300	6900	679
7	断背斜	110.0	700	−5400	7100	1870
8	背斜	51.0	400	−5400	7000	753
9	断背斜	45.0	750	−4000	5500	1234
10	背斜	16.7	250	−1850	4050	558
11	背斜	24.2	150	−2300	3750	356
12	断背斜	53.3	550	−4600	6100	1462
13	断背斜	117.3	300	−6200	7850	1731

（二）量化指标描述

1. 新增储量规模预测指标

待钻圈闭落实，因此采用资源转化率法对新增储量趋势进行预测。历史上，构造带内及周围资源转化率集中于50%～55%之间，以历史为参考，同时以资源量评价的可靠程度界限，即上下浮动30%，作为概率区间，概率曲线函数采用正态分布。

2. 气田开发指标

因各评价单元的认识程度和地质特征不同，气田风险量化指标确定方法和概率分布有差异，一般有对比分析法和统计分析法两种，其中探明储量主要采用对比分析方法，未来新增储量主要采用统计分析方法。

构造带内探明已开发气田地质和动态规律研究表明，储层连通性好，储量动用程度高，因此储量动用程度赋值 90%～100%。构造带内探明未开发储量埋藏深，构造复杂，借鉴周围已开发气田动用程度集中在 80%～100% 的分布规律，采用上限、下限分别为80% 和 100%，最可能为 90% 的三角分布。初步评价认为，未来新增储量与探明未开发的气田 B 类似，但是由于不确定很大，因此采用 80%～100% 的离散度大于三角分布的均匀分布函数。

已开发气田其他开发指标概率分布主要依据生产动态和类比分析确定，未开发气田开发指标概率分布主要通过试采动态、地质特征及类比分析确定，待探明气田开发指标概率分布主要通过类比方法确定。概率分布曲线主要选用正态分布、三角分布等标准函数。构造带内不同类型气田其他开发指标取值如图 5-10 所示。

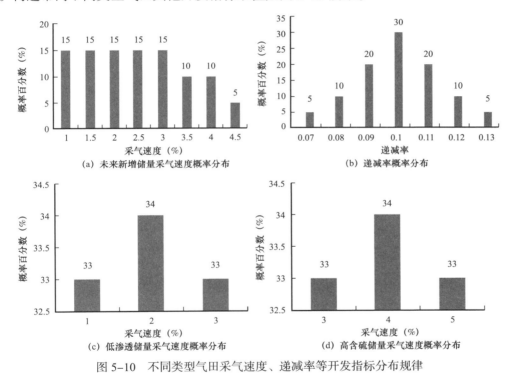

图 5-10 不同类型气田采气速度、递减率等开发指标分布规律

五、规划目标概率模拟及风险等级评价

（一）构造带产量风险评价

将准备的数据输入软件，随机模拟 1000 次。

图 5-11 为规划期内 1000 次模拟的概率产量趋势。可见，大部分时间段内规划产量落在 P5～P95 概率产量之间，而且在 P50 产量以下，表明规划期内大部分时间节点风险适中，特别是早期产量风险较小。但是规划后期阶段，规划目标超出可能性范围，且离散程度较大，规划产量目标风险变大。

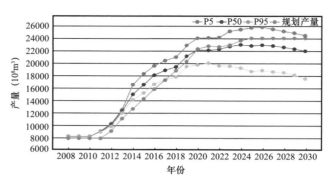

图 5-11 KLS 构造带概率产量和规划产量

结合规划目标的实现概率和离散程度，评价表明构造带规划方案早期属于Ⅰ级风险，后期属于Ⅲ级和Ⅳ级风险，可见规划方案风险主要在规划后期（表 5-5）。

表 5-5 构造带不同开发阶段产量风险等级评价

时间	2008	2009	2010	2011	2012	2013	2014	2015	2016
规划目标（10^8m^3）	80	80	80	80	91.7	111.5	127	143	158
大于概率（%）	100	100	100	100	100	100	100	100	100
离散程度（%）	0.31	0.31	0.31	0.28	0.96	0.79	3.70	3.96	3.70
风险等级	Ⅰ	Ⅰ	Ⅰ	Ⅰ	Ⅰ	Ⅰ	Ⅰ	Ⅰ	Ⅰ
时间	2017	2018	2019	2020	2021	2022	2023	2024	2025
规划目标（10^8m^3）	173	188	203	223	227	226	229	236	240
大于概率（%）	97	76	79	34	27	28	35	27	21
离散程度（%）	3.61	3.51	3.41	4.40	5.10	5.46	5.73	6.00	6.08
风险等级	Ⅰ	Ⅱ	Ⅱ	Ⅲ	Ⅲ	Ⅲ	Ⅲ	Ⅲ	Ⅲ
时间	2026	2027	2028	2029	2030				
规划目标（10^8m^3）	240	240	240	240	240				
大于概率（%）	21	21	17	14	11				
离散程度（%）	6.16	6.27	6.49	6.77	6.74				
风险等级	Ⅲ	Ⅲ	Ⅳ	Ⅳ	Ⅳ				

图 5-12 为 2010 年和 2025 年两个时间节点概率产量（规划产量目标分别为 $80\times10^8m^3$、$240\times10^8m^3$）。可见，2010 年大于规划目标概率 100%，离散程度仅有 0.31%，表明实现可能性大，且误差很小；2025 年大于规划目标概率只有 21%，离散程度 6.1%，表明实现可能性很小，且误差范围很大。

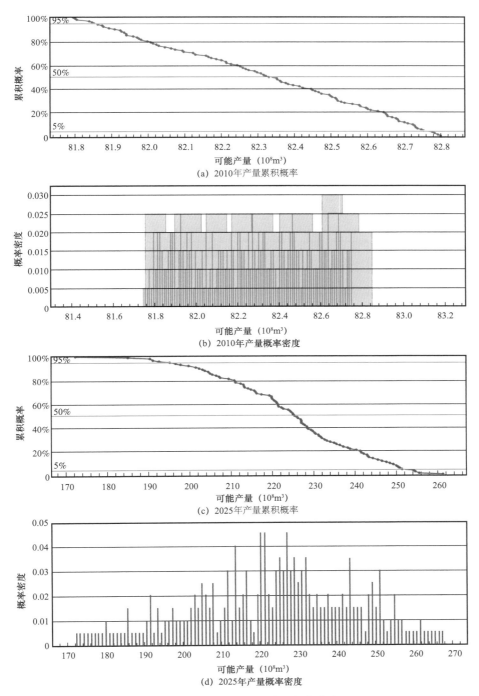

图 5-12　不同时间节点产量概率分布

（二）不同领域产量风险评价

从不同开发阶段气田的产量概率分布看（图 5-13），已开发气田 A 和探明未开发气田 B 风险较小，未来新增气田规划风险较大。

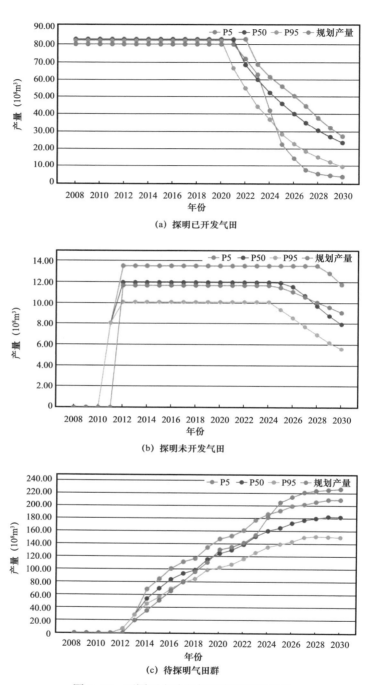

图 5-13　不同开发阶段气田产量概率趋势

　　未来新增储量风险综合评价矩阵结果显示，2020 年前的风险较小，主要为Ⅰ级、Ⅱ级风险，这一时期产量主要来自"控制储量"和"预测储量"区块，具有一定可靠程度；而 2021 年以后主要为Ⅲ级、Ⅳ级风险，这一时期规划目标实现概率越来越低，且离散程度大（表 5-6）。

表 5-6 未来新增储量风险评价矩阵

时间	2013	2014	2015	2016	2017	2018	2019	2020	2021
规划目标（$10^8 m^3$）	19.8	35.3	51.3	66.3	81.3	96.3	111.3	131.3	135.3
大于概率（%）	100	100	100	99	91	63	71	30	33
离散程度（%）	0	9.50	9.48	8.34	7.93	7.52	6.77	7.97	7.65
风险等级	I	II	II	II	II	II	II	III	III
时间	2022	2023	2024	2025	2026	2027	2028	2029	2030
规划目标（$10^8 m^3$）	142.3	154.3	182.3	206	214.7	221.9	224.7	226.1	227.3
大于概率（%）	39	46	10	1	1	1	1	1	1
离散程度（%）	7.33	7.29	7.48	7.73	7.62	7.71	7.75	7.96	8.05
风险等级	III	III	IV	IV	IV	IV	IV	IV	IV

（三）构造带经济效益风险评价

图 5-14 为统计规划期内现金流 1000 次模拟的概率趋势图。可见，规划期年度现金流存在较大的不确定性，尤其是后期波动范围较大。但是，整体上每一年度的现金流大于 0，能够承受资金压力。

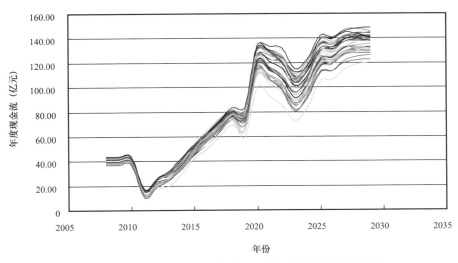

图 5-14 KLS 构造带规划期内折现现金流随机模拟趋势图

长远来看，待发现气田收益较好，内部收益率集中于28%～34%，全生命周期经济效益风险较小（图5-15）。新项目开发初期现金流小于零，开发初期存在一定压力，但是KLS构造带作为一个开发整体，前面已经说明，评价区域的年度现金流大于零，因此风险可控。

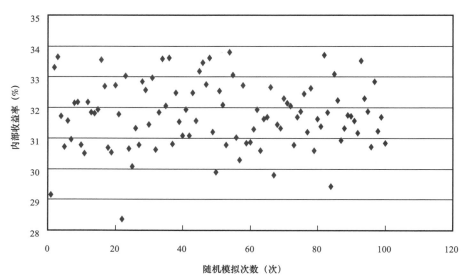

图5-15 待发现气田规划期内内部收益率随机模拟结果

综上所述，规划方案经济效益风险很小。

六、关键风险点及规避措施

（一）主要风险点评价

运行敏感分析控件，可以输出构造带不同年份、不同风险因素敏感程度。由于客观风险和决策风险评价方法不同，因此将客观风险和决策风险敏感评价结果分开输出。

以未来新增储量2025年为研究对象，分析引起风险的原因。从构造带2025年规划目标的风险因素敏感程度评价结果可见（图5-16），决定构造带产量规划目标的客观风险主要是所有气田的储量可靠程度等。从决策风险敏感程度评价结果可见（图5-17），可选择措施较多，如增加钻井数、增加新增储量规模、提高储量动用程度等，但不同措施的效果略有差异，例如增加新增储量规模比提高动用程度效果更敏感，这是因为目前动用程度已经较高，大多大于80%，那么再怎么提高也不会超过100%，而新增储量规模可以增加一倍甚至数倍，其对开发规划目标影响将十分明显。

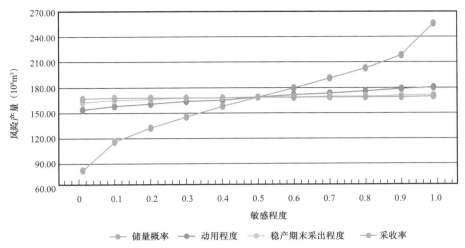

图 5-16　2025 年待探明储量客观风险因素敏感评价结果

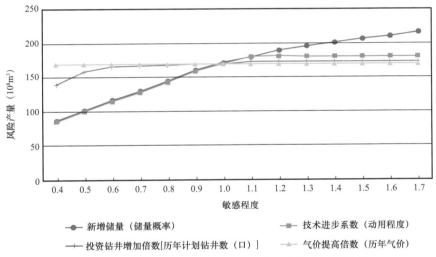

图 5-17　2025 年待探明储量决策风险因素敏感评价结果

（二）规划风险规避措施及效果

以 2025 年产量规划为评价对象，基于客观和决策风险敏感评价结果，建议 KLS 构造带规划方案实施过程中可以采取的风险规避措施为：（1）进一步加大勘探投入和科技攻关，增加新增储量规模；（2）通过技术进步提高动用程度；（3）加快产能建设进度，在有限的时间内钻更多的气井。

以增加储量规模为例：当前勘探部署下，风险等级为Ⅳ级。当勘探成效提高 30% 时，即新增储量规模再增加 30% 时，产量概率区间离散程度 4.6%，大于规划目标的概率为 95%，风险等级为Ⅰ级，方案风险大幅降低（图 5-18）。

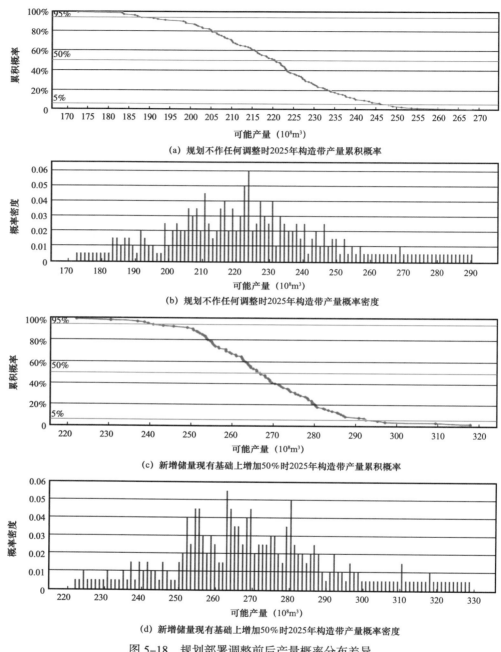

(a) 规划不作任何调整时2025年构造带产量累积概率

(b) 规划不作任何调整时2025年构造带产量概率密度

(c) 新增储量现有基础上增加50%时2025年构造带产量累积概率

(d) 新增储量现有基础上增加50%时2025年构造带产量概率密度

图 5-18　规划部署调整前后产量概率分布差异

（三）规划动态分析

表 5-7 为 KLS 构造带规划和动态执行情况对比表。

对比规划开发指标和动态指标的差异表明，气田 A 受市场影响前三年实际产量大于规划产量，见水期提前，后两年逐渐恢复正常生产，出水量得到控制，气田进入正常生产期。整体执行效果较好，与方案风险评价结果一致。

气田 B 在第三年和第四年实际产量略高于规划目标是由于试采方案的实施，部分产能建设提前部署，因而产量得以提前释放。第五年的实际产量与规划方案一致。

表 5-7　KLS 构造带天然气生产情况

气田 / 年份		2008	2009	2010	2011	2012
气田 A	实际	117	111	96	80	80
	规划	80	80	80	80	80
气田 B	实际	—	—	1	3	11
	规划	0	0	0	0	11
KLS 构造带	实际	117	111	97	83	91
	规划	80	80	80	80	91

注：待探明气田没有产量规划，也没有实际产量。

总体上，规划执行下来的整体认识与风险评价认识相同，表明规划风险评价模型具有较好的风险预警功能，为辨识和降低规划方案风险、保障规划方案顺利实施提供了科学依据。

第三节　开发规划风险评价模型评价

理论和实践表明，本书建立的天然气开发规划方案风险评价模型能够评价国家、公司、气区和气田等多个级别的天然气开发规划方案风险大小，量化评价储量、产量和经济效益风险大小和风险等级，既可以量化风险在时间节点上的分布，又可以量化风险在评价单元上的分布，还可以量化不同风险因素的敏感程度（图 5-19），从而为客观、准确地评价风险大小，科学部署规避风险措施提供帮助。

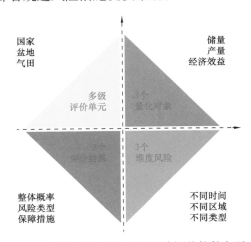

图 5-19　天然气开发规划方案风险评价软件主要功能

总之，在国内外文献调研基础上，集合天然气开发规划的特殊性，综合应用地质与工程、经济学、风险评价理论等多学科知识，系统构建了开发规划风险量化评价模型。

天然气开发规划方案风险量化评价模型的建立，以及形成的天然气开发规划风险量化评价技术，实现天然气开发战略规划风险评价从定性到定量的一次突破性进步，丰富了天然气战略规划理论方法。

（1）天然气开发规划具有周期长、涉及面广、专业多的特点，通过多方法研究认为，天然气开发规划中风险可以分为资源规模、气藏地质、规划部署、技术水平、经济效益、中游和下游约束和政策法规共七类风险因素，其中前两类为客观风险，后五类为决策风险。

（2）客观风险可认识不可改变，决策风险可认识可改变，根据风险因素特点及对规划目标作用机理，建立了两种风险因素敏感评价方法，其中客观风险因素敏感评价方法为"概率曲线扫描法"，决策风险因素敏感评价方法为"概率曲线位移法"。

（3）不同风险与规划目标之间的逻辑关系不同，根据规划方案编制物理模型建立了天然气开发规划产量优化数学模型，即以资源规模和气藏地质作为产量规模评价的基础，以技术水平、中游和下游约束、政策法规和规划部署四类决策风险为约束条件，以经济效益最大化为优化目标的天然气产量最优化预测模型。

（4）依据天然气开发规划评价单元类型多样的特点，筛选建立了适用于规划风险评价的储量、产量和效益量化函数十余个。

（5）通过对风险量化数学方法优缺点的对比分析，认为蒙特卡洛模拟方法可作为天然气开发规划风险量化评价推荐方法。

（6）结合天然气开发规划储量、产量和效益的评价函数，引入蒙特卡洛模拟方法，首次对储量、产量和经济效益进行了一体化风险量化评价。

（7）综合考虑大于规划目标概率和概率产量的离散程度，形成天然气开发规划目标风险评价矩阵。

（8）从应用效果来看，模型能够评价不同级别评价对象天然气开发规划风险大小，能够评价产量和效益等不同规划目标的风险大小，能够评价规划方案整体风险等级和主要风险点，能够评价天然气规划风险在不同阶段、不同区域、不同风险类型上的分布，从而为辨识和降低规划方案风险、保障规划方案顺利实施提供科学依据。

参考文献

[1] BP 公司. BP Statistical Review of World Energy 2020. [R]. London，69th Annual Edifion. 2020.

[2] International Gas Union. 第 24 届世界天然气大会 [C]. 阿根廷：国际石油，天然气展览. 2009.

[3] 自然资源部. 全国石油天然气资源勘查开采通报（2019 年度）. 2020.

[4] 国家统计局. 中国统计年鉴（2019）[R]. 2020.

[5] 陆家亮，赵素平，孙玉平，等，中国天然气产量峰值研究及建议 [J]. 天然气工业，2018，38（1）：1-9.

[6] 陆家亮，唐红君，孙玉平. 抑制我国天然气对外依存度过快增长的对策与建议 [J]. 天然气工业，2019，39（8）：1-9.

[7] 国家能源局. 页岩气"十二五"规划 [R]. 2011.

[8] 国家能源局. 页岩气"十三五"规划 [R]. 2016.

[9] 中国石油勘探生产分公司、廊坊分院、规划总院. 中国石油天然气股份有限公司"十五"油气勘探与生产业务发展计划 [R]. 2000，12.

[10] 张抗等. 中国石油天然气发展战略 [M]. 北京：地质出版社，2002.

[11] 常毓文. 油气开发战略规划理论与实践 [M]. 北京：石油工业出版社，2010.

[12] 中国石油西南油气田公司. 天然气田开发规划编制技术要求：Q/SY XN0072—2000 [S]. 成都：中国石油西南油气田公司，2000.

[13] 中国石油天然气集团公司. 天然气开发规划编制技术要求：SY/T 6436—2012 [S]. 北京：石油工业出版社，2012.

[14] Newendorp P D, Root P J. Risk Analysis in Drilling Investment Decisions [J]. Journal of Petroleum Technology，1968.20（6）：579-585.

[15] Richard J Miller. Evaluation of Risk in Appraisals of Large-Scale Development Projects for Financing Purposes [J]. SPE6331，1977.

[16] P Behrenbruch. Uncertainty and Risk in Petroleum Exploration and Development: The Expected Curve Method [J]. SPE19745，1989.

[17] E Sorgard. A Stepwise Methodology for Quantitative Environmental Risk Analysis of offshore petroleum activities [J]. SPE37851，1997.

[18] Erik Wiig. Environmental Quantitative Risk Assessment [J]. SPE35945，1996.

[19] Schlumberger. Strategic Economic and Financial Analysis Examines Value and Risk [EB/OL]. 2004. http://www.slb.com/sis.

[20] Schlumberger. Integrated Business Plan Provides Assurance for Field Development Execution. [EB/OL]. 2007. http://www.slb.com/sis.

[21] 李刚，游传新. 浅谈石油项目投资风险分析 [J]. 地质技术经济管理，2003，25（5）：68-70.

[22] J C Mingee. The Petroleum Industry's Differential Risks [J]. SPE969，1964.

[23] S K Peterson. Risk Analysis and Monte Carlo Simulation Applied to the Generation of Drilling AFE estimate [J]. SPE26339, 1993.

[24] S K Turner. Integrated Risk Management in Oil and Gas Exploration and Production [J]. SPE46811，1998.

[25] Eliana L Ligero. Improving the Performance of Risk Analysis Applied to Petroleum Field Development [J]. SPE81162，2003.

[26] Brian R A Practical Approach to HSE Risk Assessments Within Exploration & Production Operations [J]. SPE73892，2002.

［27］A P Sisnie. Quantifying Stuck Pipe Risk in Gulf of Mexico Oil and Gas Drilling［J］. SPE28298，1994.

［28］Psul Hultzsch. Decision and Risk Analysis through the Life of the Field［J］. SPE107704，2007.

［29］赵俊平，油气钻井工程项目风险分析与管理研究［D］. 大庆：大庆石油学院. 2007.

［30］初京义. 石油天然气勘探开发项目风险分析及风险应对策略［D］. 天津：天津大学. 2005.

［31］陈琳琳，贾健谊. 海上石油国际合作项目的风险评价特点分析［J］. 海洋地质前沿. 2002，18（12）：18-21.

［32］张艳，朱列红，海外石油投资中的风险管理体系［J］. 兰州大学学报（社会科学版），2005，（4）：138-142.

［33］李树芳，潘懋. 海外石油勘探开发投资的风险及防范［J］. 商业研究，2005（1）：114-116.

［34］赵永涛. 油气管道风险评价现状及对策研究［J］. 石油化工安全环保技术，2007（1）：7-100.

［35］刘毅军，李松玲，徐小辉. 天然气产业链下游市场风险评价指标体系探讨［J］. 天然气工业，26（7）：136-138.

［36］J.A. Alexander. Risk Analysis - Lessons Learned［J］. SPE49030，1998.

［37］F.B.Cutten. Development and Implementation of an Integrated Risk Assessment Methodology［J］. SPE26393，1993.

［38］S K Turner. Integrated Risk Management in Oil and Gas Exploration and Production［J］. SPE46811，1998.

［39］B Corre, P Integrated Uncertainty Assessment For Project Evaluation and Risk Analysis［J］.SPE65205，2000.

［40］Zsolt P Komlosi. Application Monte Carlo Simulation in Risk Evaluation of E&P Projects［J］. SPE68578，2001.

［41］Antonio Orestes de Salvo Castro. The Use of Fuzzy Mathematics of Finance_ Risk Evaluation in Petroleum Development［J］. SPE69556，2001.

［42］Yuwen Chang. An Innovative Method Risk Assessment for Exploration and Development of Oil and Gas［J］. SPE104456，2006.

［43］C P Flore, S A Holditch. Economics and technology drive development of unconventional oil and gas reservoirs: Lessons learned in the United States［J］. SPE146765，2011.

［44］张贵清. 因子分析方法在国际石油勘探开发项目风险分析中的应用探讨［J］. 数字石油和化工，2007（9）：58-61.

［45］苑志成，周雷，卢金芳. 国际石油工程项目风险评价方法及应用研究［J］. 油气田地面工程，2003，22（3）：1-3.

［46］王岩明. 模拟技术在石油勘探决策风险分析中的应用［J］. 数字油田，2004（9）：40-42.

［47］宋志强，钟鸣，陈健生. 基于 AHP 和模糊逻辑法的石油勘探项目风险评价［J］. 内蒙古石油化工，2007，33（12）：43-46.

［48］索贵彬，蔡振禹. 基于 AHP 的石油地质风险模糊综合评价体系研究［J］. 河北工程大学学报（社会科学版），2008（3）：13-14.

［49］陈健声，王哲，王辉. 一种动态石油勘探项目地质风险的评估方法［J］. 西部探矿工程，2008，20（8）：66-69.

［50］刘毅军，陆家亮. 天然气产业链上游规划风险评价［M］. 北京：石油工业出版社，2012.

［51］P J Brown, W J Haskett, P Leach. Unconventional Resource Exploitation–Understanding Value, Risk and Decisions［J］. The American Oil & Gas Investor, 2007, 1-5.

［52］W J Haskett. Production profile evaluation as an element of economic viability and expected outcome［J］. SPE90440，2005.

［53］国家石油和化学工业局 . 天然气气藏开发方案经济评价方法 SY/T 6177—2009［S］. 北京：石油工业出版社，2009.

［54］中国石油勘探生产分公司 . 中国石油天然气股份有限公司"九五"油气勘探与生产业务发展计划［R］. 1995.

［55］国家能源局石油裂缝性油（气）藏探明储量计算细则 SY/T 5386—2000［S］. 北京：石油工业出版社，2000.

［56］中国石油控制储量分类评价项目组石油天然气控制储量计算方法 Q/SY179—2007［S］. 中国石油天然气集团公司，2007.

［57］中国石油预测储量分类评价项目组石油天然气预测储量计算方法 Q/SY181—2007［S］. 中国石油天然气集团公司，2007.

［58］国家标准局天然气储量规范 GBN 270—1988［S］. 北京：中国标准出版社，1988.

［59］Martinez A R et al. Classification and Nomenclature Systems for Petroleum and Petroleum Reserves 1987 Report［C］. Twelfth World Petroleum Congress，Huston，1987.

［60］Society of Petroleum Engineer. Definitions for Oil and Gas Reserves［J］. JPT，1987（5）：577-578.

［61］Society of Petroleum Engineer and World Petroleum Congress. Petroleum Resources Classification and Definitions［C］. Sixteenth World Petroleum Congress, Calgary Alberta, Canada, 2001.

［62］Davidson D A，Snowdon D M. Beaver River Middle Devonian carbonate: performance review of a high-relief fractured gas reservoir with water influx: Journal of Petroleum Technology，1978（12）：1673-1678.

［63］Snowdon D M. Beaver River gas field - a fractured carbonate reservoir［C］. The geology of selected carbonate oil, gas and lead-zinc reservoirs in Western Canada: Canadian Society of Petroleum Geologists 5th Core Conference, Calgary，1977.

［64］C P Flores, S A Holditch, W B Ayers. Economics and technology Drive Development of Unconventional Oil and Gas reservoirs: Lessons Learned in the United States［J］. SPE146765，2011.

［65］W. Howard Neal. Oil and Gas Technology Development［R］. 2007.

［66］U. S Energy Information Administration . Annual Energy Outlook 2010［J］. The National Engineer，2010，114（4）：42-44.

［67］李熙喆，万玉金，陆家亮 . 复杂气藏开发技术［M］. 北京：石油工业出版社，2010.

［68］U. S Energy Information Administration . World Energy Outlook［R］. 2011.

［69］翁文波 . 预测论基础［M］. 北京：石油工业出版社 . 1984.

［70］Al-Fattah S M，Startzman R A. Forecasting World Natural Gas Supply［J］. SPE62580，2000.

［71］Al-Fattah S M，Startzman R A. Analysis of Worldwide Natural Gas Production［J］. SPE57463，1999.

［72］李丕龙 . 通过类比法分析中国油气资源前景［J］. 第二届中国工程院和国家能源局能源论坛论文集，北京：煤炭工业出版社，2012.

［73］陈元千 . 实用油气藏工程方法［M］. 东营：石油大学出版社，1998.

［74］陈元千 . 预测水驱凝析气藏可采储量的方法［M］. 北京：石油工业出版社，1999.

［75］陈元千 . 确定异常高压气藏地质储量和可采储量的新方法 . 新疆石油地质［J］. 2002，23（6）：516-519.

［76］陈元千，胡建国 . 对翁氏模型原建模的回顾及新的推导［J］. 中国海上油气（地质），1996，10（5）：317-324.

［77］陈元千，袁自学 . 对数正态分布预测模型的建立和应用［J］. 石油学报，1997，18（2）：84-88.

［78］陈元千 . 广义翁氏预测模型的推导与应用［J］. 天然气工业，1996，16（2）：22-26.

［79］陈元千，胡建国 . 预测油气田产量和可采储量的 Weibull 模型［J］. 新疆石油地质，1995，16（3）：

250-255.

［80］陈元千，胡建国.t模型的应用及讨论［J］.天然气工业，1995，15（4）：26-29.

［81］袁自学，陈元千.预测油气田产量和可采储量的瑞利模型［J］.中国海上油气（地质），1996，10（2）：101-105.

［82］胡建国，陈元千.Hu-Chen预测模型的建立与应用［J］.天然气工业，1997，17（5）：31-34.

［83］陈元千，李从瑞.广义预测模型的建立与应用［J］.石油勘探与开发，1998，25（4）：38-41.

［84］王海应，张昌维.利用灰色理论预测油田开发指标［J］.新疆石油学院学报，2004，16（3）：27-31.

［85］祝厚勤等.勘探效益法预测油气资源的原理及应用［J］.地质科技情报，2006.

［86］朱杰，柳广弟，刘成林，等.基于多峰高斯模型的石油储量和产量预测［J］.中国石油大学学报（自然科学版），2009，13（3）：45-48.

［87］Al-Jarri A S，Startzman R A. Worldwide Petroleum-Liquid Supply and Demand［J］.JPT，1997，49（12）：1329-1338.